JN016104

土木・交通計画のための多変量解析（改訂版）

博士（工学） 川﨑 智也

博士（工学） 稲垣 具志

博士（工学） 寺内 義典 共著

博士（工学） 石坂 哲宏

博士（工学） 兵頭 知

コロナ社

ま え が き

　本書は，『土木・交通工学のための統計学　基礎と演習』の続刊であり，大学や高等専門学校で土木・交通計画を専攻する学生を対象とした多変量解析手法の入門書として 2017 年に初版第 1 刷が発刊されました。今回の改訂版では，交通工学の専門家である兵頭　知氏を共著者に迎え，因子分析（8 章）の基本概念やモデル式の説明に重点を置いて再整理し，分析結果解釈と Excel 演習のための説明を充実しました。本書の演習問題では，Excel を用いた解法を紹介しています。現在さまざまなソフトウェアが入手可能で，これまでよりも容易にモデル分析が可能となっていますが，多変量解析手法の中身を理解するために，初版に引き続き Excel を用いた演習問題としています。

　土木・交通計画が解き明かそうとする対象のデータは，無限大に近い主体の意思や行動の集積であり，出現する現象はさまざまな要素が相互に影響した結果でもあります。たとえば交通事故の解析であれば，交通量などの交通条件，道路線形などの構造条件，天候などの自然条件，そしてドライバーなど交通主体の個人属性など，異なるさまざまな状況が事故発生の要素となります。このような交通現象に対して，多くの要素をまとめて一つの数理モデルに収め，客観的かつ論理的に解き明かすことができる手法が多変量解析手法であり，交通工学分野の研究・実務にとって非常に強力な統計手法です。

　今回の改訂版においても，理論や方法の解説に加えて，交通分野における現実の課題に近い例題を多く用意しましたので，学生が理解しやすいだけでなく，そのまま交通工学の実務者や研究者としてのキャリアを始める頃まで，おつきあいいただける内容になっています。

　なお，章末の演習問題の略解は，Web ページからダウンロードすることができますが，ぜひ解答を見る前にじっくり考察することを勧めます（p.38 参照）。

　最後に，コロナ社の皆様には，長きにわたりご支援をいただきました。ここに厚く御礼を申し上げます。

2024 年 1 月

著者一同

目　　　　　次

1.　土木・交通計画における多変量解析

2.　記　述　統　計

3.　2変数の分析（相関分析・分散分析）

4. 回　帰　分　析

5. ロジスティック回帰分析

6. 判 別 分 析

7. 主 成 分 分 析

目　　　　　次　　v

8. 因 子 分 析

9. クラスター分析

10.　数　量　化　理　論

執筆者一覧　(執筆順)

寺内　義典	（国士舘大学）	1 章，3.1，3.3，3 章コラム
川﨑　智也	（東京大学）	2 章，3.2，5 章，9 章，10.1 ～ 10.3
		1 章コラム，4 章コラム
稲垣　具志	（東京都市大学）	4 章，6 章，2 章コラム
石坂　哲宏	（日本大学）	7 章，10.4
兵頭　　知	（徳島大学）	8 章

（所属は 2024 年 1 月現在）

1

土木・交通計画における多変量解析

　本章では，事例を交えながら土木・交通分野における多変量解析手法の有用性について解説する。また，分析の目的やデータの種類にあわせた手法選択の概要や多変量解析を実施するための手順や実際の適用について概説する。

1.1　土木・交通計画分野における多変量解析の意義

　本書は，土木・交通計画分野を学ぶ皆さんに**多変量解析**（multivariate analysis）を知り理解してもらうことを目的としている。この多変量解析は，その名のとおり二つ以上の変数の関係を処理する統計解析手法の総称である。この多変量解析という統計手法の特徴を，事例を交えて説明しよう。

　まず，バス路線の利用者数の実態を調査したデータがあるとする。このデータは，ある1日の路線ごとに便名と利用者数が並んでいる。これを用いて，路線ごとの日利用者数や，それを1日の便数で割った便あたり平均利用者数を求めることができる。記述統計手法により，利用者数が最多となる便や，利用者数の四分位数やヒストグラムを見ることで混雑状況なども把握できる。つまり統計とは，データを理解するための道具であると言えるだろう。

　路線の日利用者数と沿線人口との関係を知りたければ相関係数を求めることもできる。ここで，沿線人口は利用者数に影響を及ぼす関係にあることから，この沿線人口を**要因**（factor）と呼ぶ。この要因にデータという実態をいれるための箱を**変数**（variable）と呼ぶ。多変量解析は，この要因を表す変数が二つ以上あり，その変数間の関係や特徴を示す統計手法である。

　実際に，利用者数は沿線人口だけでなく，複数の要因の影響を受けている。そこで，多変量解析の応用例として，新たなバス路線の利用者数を予測するケースを考えてみよう（**図1.1**）。まず，沿線の人口や施設・土地利用が利用

小型車両で循環ルート運行　　　　路線沿線には公営住宅や病院がある

図1.1 バス路線の例（M市I交通が運行するループバス）

者数を左右する要因となる。そのほか，ルート（直行型・両周り循環型・片周り循環型），ダイヤ（間隔・パターンか否か・始発・終発など），停留所（上屋・イス・近接性など），車両（大きさ・席数・ステップの有無など）などのサービス水準や料金も要因となりうる。複数の要因が影響する現象を，人が理解できるかたち，人が使えるかたちにする統計手法が多変量解析なのである。

　もう一つ，土木・交通分野における多変量解析の有用性について，ある失敗事例から説明しよう。その分析者は，生活道路を走行する自動車について，道路幅員と区間速度との関係を分析したいと考えた。そこで，幅員の広い道路区間Aと狭い道路区間Bで，充分な台数の自動車の速度を計測した。しかし，AとBの平均速度の差はわずかで，期待した有意な差がみられなかった。失敗の原因は，Aが駅に近いことから，通行する自転車・歩行者交通の影響を受けたことであった。とはいえ，一般道のAとBの交通をすべて制御して計測することは非現実的である[†1]。

　この問題を解決する一つの方法として多変量解析がある[†2]。多くの道路区間を対象に，速度に影響を及ぼすあらゆる要因のデータを収集し多変量解析を用

---

† 1　試験路を用いる方法もあるが，生活道路の沿道条件や交通環境の再現性が課題として残る。そもそも試験路のある実験環境が，非常に貴重である。

† 2　一般に他の要因を消す方法としてはランダム化が広く知られている。この場合，幅員以外の要因が同じように混在する程度に多数の道路区間での計測が必要となる。道路の場合，幅員そのものが沿道条件や交通環境と関連して整備されているため，厳密なランダム化より多変量解析による分析が有利と考える。

いることで，それらの要因のなかから幅員の影響をとり出すことができる。土木・交通工学の研究では，実験室のような厳密に比較可能な対象を用意できる環境を整えることが，実現性，再現性，費用といった面から困難であることも多い。多変量解析は，土木・交通工学において非常に有用である。

1.2 多変量解析手法の選択

1.2.1 さまざまな多変量解析手法

多変量解析は，ある現象を多数の要因どうしの関係の形（構造）として仮定し，その構造を数理的にモデル化し，統計的に検証しようとする手法である。沿線人口などの複数の要因とバス利用者数との間の関係が構造である。この構造にデータをあてはめ，バス利用者数の予測をするモデルを得ることが，分析目的である。異なる要因間の構造を仮定することで新たな手法が開発される。手法と分析目的は鶏とたまごの関係であり，分析目的からの要請に応じて進化してきた。さらに，量的データだけでなく質的データを取り扱いたいケースなど，変数の尺度や分布の違いに対応することも求められてきた。

こうして，あらゆる分野の人々が分析ニーズのなかで統計学を進歩させ，さまざまな分析目的，さまざまなデータに対応した多変量解析の手法が開発されてきた。現在の私たちは，先人たちによって用意されたこの多様な多変量解析の手法の特徴を理解し，みずからの分析目的とデータの種類に応じて，適切に分析手法を選択することが重要である。

多変量解析手法を選択するにあたり，本書ではその分析目的を「予測」，「影響力分析」，「要約」，「構造分析」の四つに大きく分類している。この4分類をもとに多変量解析手法の選択について解説する。

1.2.2 予　　　測

多変量解析では因果関係の結果に相当する一つの変数を一般に**目的変数**（response variable）と呼ぶ。また，因果関係の原因に相当する一つ以上の変数を一般に**説明変数**（explanatory variable）と呼ぶ。

〔1〕 目的変数も説明変数もおもに量的データの場合

バス路線の利用者数を予測する事例から，具体的に考えてみよう。ここで説明変数となるデータは，サービス水準を示す「運賃」，「運行頻度」，沿線の「人口」，「施設数」である。変数が量的データの場合，**重回帰分析**（multiple regression analysis）が選択される。これは，回帰分析[†1]の説明変数を増やしたものである。

重回帰分析を用いると，既存のバス路線における「運賃」，「運行頻度」，「人口」，「施設数」のデータから，もっとも確からしい「利用者数」を統計的に推計する予測モデルを得ることができる。この予測モデルのあてはまりに問題がなければ，新規のバス路線の利用者数や，既存バス路線のサービス改善効果を予測することができる。このイメージを**図1.2**，**図1.3**に示す。

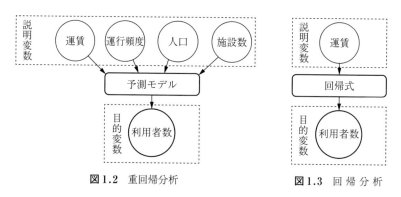

図1.2 重回帰分析　　　　　図1.3 回帰分析

〔2〕 目的変数が質的データの場合

目的変数を少し変えて，別の問題を考えてみよう。ある個人が移動をしようとするとき，バスを利用する／しない，のどちらかを推測したい。この目的変数は「利用する」，「利用しない」の2値の質的データとなる（この問題の説明変数には，「運賃」，「頻度」などのサービス水準と，個人属性や移動属性[†2]を

---

†1　轟 朝幸ほか著：土木交通工学のための統計学，6章回帰分析，コロナ社（2015）を参照のこと。

†2　これらは質的データとなることが一般的だが，ダミー変数とすることで判別分析やロジスティック回帰分析を用いることができる。

用いる)。この場合，多変量解析では**判別分析**（discriminant analysis）や**ロジスティック回帰分析**（logistic regression analysis）を用いる。二つの分析手法は数理モデルが異なる。判別分析とロジスティック回帰分析のイメージを**図1.4**，**図1.5**に示す。

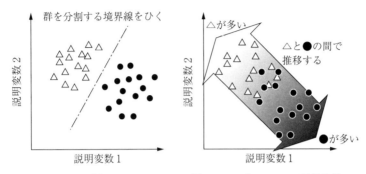

図1.4　判別分析のイメージ　　　図1.5　ロジスティック回帰分析の
　　　　　　　　　　　　　　　　　　　　　　イメージ

　判別分析は，各個体が属する群間の境界として適切な線を求める手法である。一方で，ロジスティック回帰は，二つの状態の間で，各個体が選択する確率が推移するイメージである。

〔3〕　**扱う変数がおもに質的データの場合**

　扱う変数がおもに質的データの場合は，**数量化理論 I 類，II 類**（quantification methods of first type, second type）を用いる。目的変数が量的データで説明変数が質的データであれば，数量化理論 I 類を選択する。目的変数も説明変数も質的データであれば，数量化理論 II 類を選択する。なお，重回帰分析，判別分析，ロジスティック回帰分析において，説明変数の一部に質的データの変数を用いたい場合は，ダミー変数を用いることで適用可能である[†]。

　予測に用いる個別の分析手法ごとに説明をしてきたが，実際には目的変数と説明変数のデータの尺度に応じて手法を選択するとよい。その選択フローを**図1.6**に示す。

[†]　数量化理論 I 類とは，すべての変数をダミー変数とした重回帰分析と同じである。数量化理論 II 類は，実質的にダミー変数による判別分析と考えてよい。

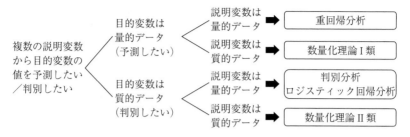

図1.6　予測・判別・影響力分析の手法選択フロー

1.2.3　影　響　力　分　析

　ある生活道路を走行する自動車の区間速度について，道路幅員，車線幅員や歩車分離の有無などの横断構成，交差点間隔，沿道の土地利用の影響を受けることがわかった。これをもとに，速度超過を抑止する道路整備のあり方を考えたい。では，速度に及ぼす影響がもっとも大きいのはどの要因だろうか。何をすれば，どの程度の影響が及ぶのだろうか。この事例のように，それぞれの説明変数が目的変数に及ぼす影響の大きさを明らかにしたい場合を，ここでは影響力分析と呼ぶことにしよう[†]。

　影響力分析における手法選択フローは，予測と同じく図1.6となる。ただし，注目する点が大きく異なる。**図1.7**で示すように，影響力分析は目的変数が説明変数に及ぼす影響力の大小を知ることが目的であり，各説明変数が及ぼす関係の大きさや確かさに関心がある。

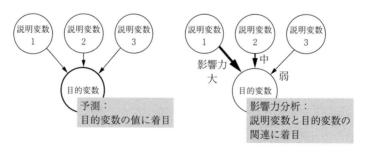

図1.7　「予測」と「影響力分析」の違い

---

　† 　この影響力分析の用法・定義は，本書独自のものである。

1.2.4 要 約

多くの変数や大きなサンプルサイズのデータは，人間の認知能力を超えてしまう。例えば，土木・交通計画における代表的な統計調査データである道路交通センサス[†]一般交通量調査を例に挙げてみよう。箇所別基本表には，全国で9万を超える道路区間のそれぞれに，区分，交通量，旅行速度，幅員構成，整備状況，沿道，運用，平面交差などに関わる50を超えるさまざまな項目のデータがそろっている。目のくらむようなデータの量であるが，このデータから共通した傾向を読み解くことで，整備や運用の実態をうまく表すような合成変数ができるかもしれない。また，類似した道路区間をグループ化することもできる。これらの分析を，ここでは要約と呼ぶ。

以下では，多くの変数をまとめる手法としての**主成分分析**（principal component analysis）と**数量化理論 III 類**（quantification method of third type）について説明する。また類似した個体どうしを集めてグループをつくる手法として**クラスター分析**（cluster analysis）について説明する。

〔1〕 **多くの変数を数個の主成分に総合化する**

多くの変数を合成し，少ない変数でデータを理解できるようにする手法を主成分分析と呼ぶ。**図 1.8** は，2 変数を合成変数（これを主成分と呼ぶ）により1 変数にするイメージを示している。この主成分の値である主成分得点を用いると個体の特徴をおおまかに理解できる。道路交通センサスの多くの変数から，主成分分析により，各道路区間における自動車の交通機能を示す主成分と，整備水準を示す主成分が得られたとする。これを用いると，例えば「この道路区間は，トラフィック機能は高いが，整備水準が低い」といった解釈が可能となる。

なお主成分分析は，説明変数が量的データの場合に用いる。説明変数が質的

---

† 正式名称を「全国道路・街路交通情勢調査」という。道路の計画，建設，管理などについての基礎資料を得ることを目的として，国土交通省，都道府県政令指定市，各高速道路会社，各道路公社等が合同で行う全国規模の統計調査である。詳細は，https://www.mlit.go.jp/road/ir/ir-data/ir-data.html を参照されたい。

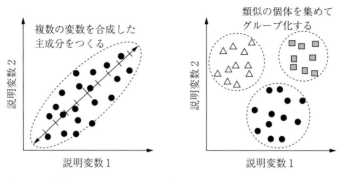

図1.8　主成分分析のイメージ　　図1.9　クラスター分析のイメージ

データの場合は，数量化理論 III 類[†]を用いる。

〔2〕　多くの個体を類似したグループにまとめる

図1.9 に示すように，類似した個体（要素とも言う）を集めることで，個体を分類する手法をクラスター分析と呼ぶ。形成されたクラスターごとに，平均などの統計量を求めることで，そのクラスターの特徴がわかる。

〔3〕　主成分得点を用いた多変量解析

実際の分析では，主成分分析によって得られる主成分得点を用いて，重回帰分析やクラスター分析を行うことも多い。説明変数を少なくすることで，その後の結果の理解が容易になる好例である。

最後に**図1.10** に，要約を目的とした多変量解析の手法選択のフローを示す。

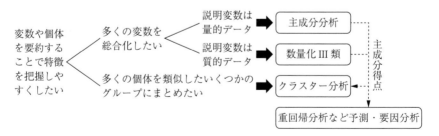

図1.10　要約の手法選択フロー

---

†　同様の多変量解析手法に，**コレスポンデンス分析**（correspondence analysis）がある。基本的にはほぼ同じ手法である。

1.2.5　構 造 分 析

構造分析は，要因どうしの相互の関係を把握する分析手法である。構造分析に対して，難しい印象を持つ人が多いかもしれない。とはいえ，結果を図化することで，関係を視覚的に捉えることができる魅力的な分析手法である。これは頭の中のイメージに輪郭や色を与えるようなもので，多変量解析の醍醐味といえる。

また構造分析では，すでにデータがある変数だけでなく，データが存在しない変数（これを潜在因子と呼ぶ）を仮定し，その構造を解き明かすことができる点も大きな魅力である。

〔1〕　潜在因子を探索する構造分析

居住地選択は，その後の交通行動を大きく左右する点で，交通計画における関心の一つである。ここで，一人ひとりが，ある費用制約の下で居住地をどのように選択するか考えてみよう。この場合，駅に近く，買い物の利便性が高く，自然が豊かで，安全で…，というよいとこ取りはできない。利便性と自然環境は両立しない，といった制約の中で居住地を選択する場合においてその制約が意思決定における潜在的な因子となりうる。この潜在的な因子を探る構造分析手法に因子分析（8章）がある。

では，より複雑な共働き子育て者の居住地選択問題を事例にあげてみよう。居住地選択の要因を八つ用意した意識調査データを，因子分析により分析した結果，**図1.11** の変数プロットと，**図1.12** の因子が見いだされた。因子1は，

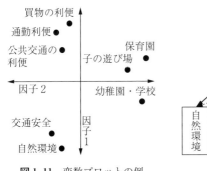

図1.11　変数プロットの例

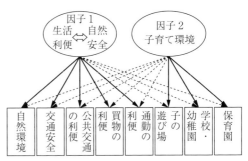

図1.12　潜在因子と変数の関係

利便性か自然・安全かというトレードオフ関係を示す潜在因子として，因子2
は特に子育て環境を重視したか否かという潜在因子として解釈できる。

このように，因子分析の変数プロットからは，各変数の位置関係から構造を
見ることができるし，潜在因子と変数の関係を図化することもできる。

〔2〕 潜在因子を含めた構造を仮定した構造分析

因子分析は，構造の中に潜在化した要因があると考え，それをデータから見
いだす分析手法であり，図1.12のようにすべての変数に共通する因子を抽出
する。これに対して，構造そのものを先に仮定してしまい，その確かさを確認
する構造分析手法として，**検証的因子分析**[†1]（confirmatory factor analysis,
CFA）や**共分散構造分析**[†2]（covariance structure analysis）がある。仮定した
構造に対して，矢印で示された関係の向きや強さを示すパス係数を求めること
ができる。

先ほどの居住地選択の問題を参考に，構造を仮定した例を**図1.13**に示す。
ここでは，共働き子育て者の居住地選択意識は，その背景に「都心派／郊外
派」といった生活環境に対する価値観と，「共働きのしやすさ」を求める意識

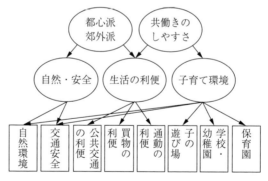

図1.13 共働き子育て家庭の居住地選択の意識構造の例

---

† 1 本書では紹介しない。一般的な因子分析を**探索的因子分析**（exploratory factor
analysis, **EFA**）と記すことがある。
† 2 これも本書では紹介しないが，因子分析を発展させた多変量解析手法である。近年
では適用事例が多く，**構造方程式モデル**（structural equation modeling, **SEM**）と
して一般化されている。パス解析，因果解析と呼ぶこともある。

が，「自然・安全」，「生活の利便」，「子育て環境」といったより具体の潜在因子をつくり，具体の現在的な要因との関係として現れると仮定している。

〔3〕　**主成分分析も含めた構造分析の手法選択**

潜在因子の考え方のない主成分分析でも，得られる主成分をもとに主成分得点を得ることができるため，因子分析と同じように変数プロットによる視覚的な構造分析が可能である。これを潜在要因のない構造分析と位置づけると，構造分析手法の選択フローは**図1.14**のようになる。

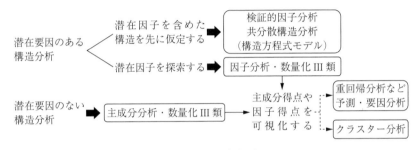

図1.14　構造分析の手法選択フロー

1.2.6　手法選択のまとめ

多変量解析手法の選択には，分析の目的とデータの種類が重要である。分析の目的が最初に決まれば，収集可能なデータを検討しながら，それとあわせて手法を選択することになる。類書には，データを前提に分析手法を選択するという手順で書かれるものもある。それを否定はしないが，多変量解析の手法に精通していない初学者は，まず調査・研究計画の段階で分析の目的と手法を想定し，データを収集することを推奨する。

多変量解析を学ぶことで，それぞれの手法が仮定する構造や得られるアウトプットのイメージがはっきりする。もやもやしていた分析目的と必要なデータが見えてくることもある。多変量解析を使いこなすうえで，現時点で必要と思われる章だけを読むのではなく，本書を通読されることを推奨する。

最後に，本書で解説している手法について，その分析の目的と目的変数の有無，変数の種類をまとめたものを**表1.1**に示す。

表1.1 多変量解析手法における分析の目的と変数の種類

多変量解析法		重回帰分析	判別分析	数量化理論I類	数量化理論II類	ロジスティック回帰	クラスター分析	主成分分析	因子分析	数量化理論III類
変数の種類	目的変数	量的	質的	量的	質的	質的				
	説明変数	量的	量的	質的	質的	量的	量的	量的	量的	質的
分析の目的	予測	○	○	○	○	○				
	要因分析	○	○	○	○	○				
	要約						○	○		○
	構造分析							○	○	○

1.3 手法の適用における留意点

1.3.1 多変量解析の手順

　近年，表計算や統計アプリケーションが進化し，多変量解析の計算そのものは容易になってきた。しかし，データの精査なしに多変量解析に入るのではなく，必要な手順を経ることが重要となる。この手順を**図1.15**にまとめる。

　まず問題に関係する要因を書き出し，その因果や関係を推測し，分析結果をイメージしながら，分析の目的と必要なデータを特定していく。

　データの収集では，綿密な調査計画の作成に心がける。例えば，モビリティ・マネジメント†などの人々の意識変容を促すプログラムでは，あらかじめ同じ母集団に属する人々から，プログラムを実施するグループ：実験群と，実施しないグループ：制御群の2グループを抽出し，両グループに対する事前事後調査をすることで，効果を正確に測定できる。

　データの収集が完了したら，各変数の特徴を分布から確認する。外れ値を適切に除外し，平均や標準偏差などの基本統計量からデータの特徴をつかむ。こ

---

† 「一人ひとりのモビリティ（移動）が，個人的にも社会的にも望ましい方向（過度な自動車利用から公共交通・自転車等を適切に利用する方向）へ自発的に変化することを促す，コミュニケーション施策を中心とした交通政策」と定義されている。

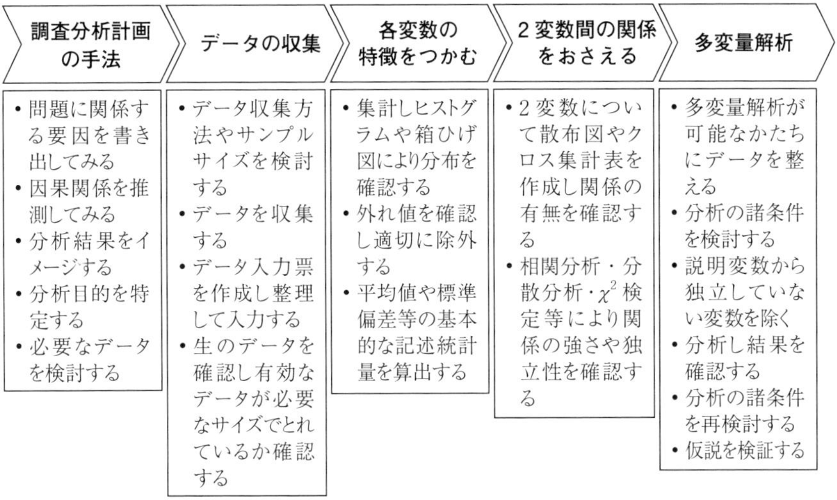

調査分析計画の手法	データの収集	各変数の特徴をつかむ	2変数間の関係をおさえる	多変量解析
• 問題に関係する要因を書き出してみる • 因果関係を推測してみる • 分析結果をイメージする • 分析目的を特定する • 必要なデータを検討する	• データ収集方法やサンプルサイズを検討する • データを収集する • データ入力票を作成し整理して入力する • 生のデータを確認し有効なデータが必要なサイズでとれているか確認する	• 集計しヒストグラムや箱ひげ図により分布を確認する • 外れ値を確認し適切に除外する • 平均値や標準偏差等の基本的な記述統計量を算出する	• 2変数について散布図やクロス集計表を作成し関係の有無を確認する • 相関分析・分散分析・χ^2検定等により関係の強さや独立性を確認する	• 多変量解析が可能なかたちにデータを整える • 分析の諸条件を検討する • 説明変数から独立していない変数を除く • 分析し結果を確認する • 分析の諸条件を再検討する • 仮説を検証する

図1.15 多変量解析の前処理

の時点で，収集されたデータに問題がないか，サンプルサイズは十分か，よく確認する。場合によって，計画の再検討や追加調査が必要となる。

　データが揃ったら，多変量解析に入る前に，2変数間の関係を分析する。散布図やクロス集計表を作成し，分布を確認する。あわせて，異常値についても確認する。そのうえで，相関分析や分散分析により関係の強さを確認しておく。想定した構造と矛盾はないか，疑似相関や多重共線性などの問題がないかチェックする。こうして，多変量解析が可能なデータが完成する。

　多変量解析の適用においては，分析手法を理解し，分析の諸条件を検討したうえで実施する。結果を確認しながら，諸条件を再検討し，より良い結果がでるように試行錯誤を繰り返すこともある。ただし，より良い結果だけを求めて，適用条件を逸脱した手法を用いてはならない。

1.3.2 多変量解析の実際

〔1〕 **データとのつきあい方**　交通分野の調査研究や計画策定において，すでにさまざまな統計調査が実施され，データが容易に入手できるものも多い。「国勢調査」は，町丁目レベルで人口・世帯・就業などの基本的な地区特

性データを調査している。都市・交通分野では,「全国都市交通特性調査」,「道路交通センサス」,「交通関連統計資料集（陸運統計要覧および交通関係エネルギー要覧）」や,各手段別の「輸送統計年報」といったデータがある。土地利用については,「都市計画基礎調査」,「建築着工統計調査」などを用いることができる。経済や財政についても,総務省や経済産業省が発表する「経済センサス」などのデータがある。これらは,各省庁のホームページから統計調査の名称をインターネットで検索するか,統計局の e-Stat† から閲覧することで入手が可能である。

　また,近年のマーケティング分野では,POS レジからのデータを用いた消費者分析が一般的となった。さらに GPS 機能付き携帯電話や非接触型 IC カードシステムなどから自動的に収集される莫大なデータ,いわゆるビッグデータについて,交通分野での活用も進んでいる。

　とはいえ初学者のうちは,闇雲にデータを多変量分析手法にかけても,データに踊らされるだけになる。積極的に公開されている統計データを使うことを否定しないが,計画をたてて分析を進めることが基本となる。

〔2〕　**多変量解析手法の組合せ**　　さまざまな多変量解析手法に精通すれば,研究段階に応じて手法を選択し,データの理解を深めることも可能である。例えば,研究の初期段階では,まず統計資料からデータを収集し,現象について理解するために多変量解析を用いることもできる。

　こうした段階では,まず主成分分析による統計データの要約や因子分析による初歩的な構造分析に臨むとよい。これにより,複雑な要因間の関係のなかで重要なものが見えてくる。構造がシンプルになれば,因果のイメージが明確になる可能性もある。クラスター分析により類似した個体をグループ化することで,分析の足がかりを得ることもある。

　因果関係が見えてきた場合は,目的変数のある多変量解析手法の適用に発展できる。要因分析や予測モデルを構築するところまで分析目的を絞り込めれ

---

† 　総務省統計局によるウェブサイトで,さまざまな政府統計情報を提供するポータルサイト　https://www.e-stat.go.jp/

ば，必要なデータが決まり，手法も決定するだろう。

　上記のプロセスは，多変量解析を組み合わせた活用事例の一つである。多変量解析は，それ単体でも十分だが，組み合わせることも可能である。そして，本章の冒頭で述べたように，この多変量解析は，土木・交通分野に携わる私たちにとって，研究と実務の両面で非常に強力な道具である。

　多変量解析は，ぼんやりと頭の中でイメージされる複雑な社会や自然の姿を，数量で明確に分析する。得られた結果をグラフなどで図示することで，ぼんやりとしたイメージにくっきりとした輪郭を与えることができる。統計的な検定が可能な手法もある。大量のデータから，論理的な思考を導くための分析結果が得られることが大きなメリットである。

　本書は，姉妹本である "轟朝幸ほか著：土木・交通工学のための統計学—基礎と演習—，コロナ社（2015）" を理解していることを前提として執筆されている。豊富な事例と演習を通じて，この分野を学ぶ学生を対象に，難解な多変量解析を理解してもらい，正しい手順で分析してもらえるように心がけて執筆されている。多変量解析に尻込みする読者にも，最後まで通読いただきたい。

コラム：多変量解析で用いるソフトウェア

　多変量解析では大量のデータや繰り返し計算を扱うため，有料・無料を問わずソフトウェアによるデータ処理が一般的である。本書では計算過程を理解するため，Excel による分析方法に特化しているが，多変量解析では Excel による分析は必ずしも主流ではない。ここでは，多変量解析の際に有用となるソフトウェアと近年の利用傾向について紹介する。

　有料ソフトのうち広く知られているのは BellCurve 社の "エクセル統計"，IBM 社の "SPSS"（Statistical Package for Social Science），SAS Institute 社の "SAS"（Statistical Analysis System：「サス」と呼ばれる）であろう。エクセル統計は Excel のアドインソフトであり，数量化理論やクラスター分析などさまざまな分析手法に適用可能である。

　SAS は基本的にはスクリプトを書く必要があるのに対し，SPSS のインターフェースは GUI のためスクリプトを必ずしも必要とせず，操作が比較的簡便である。なお，SPSS はスクリプトでの操作も可能で，R のスクリプトが利用可能である。

　"R" とは "S-PLUS"（Insightful 社の有料ソフトウェア）のクローンとして開発

されたオープンソースのソフトウェアであり，研究分野でのシェアは増加傾向にある（**図1**）。この一因として，R ユーザーが分析パッケージを自ら開発し，ライブラリで公開できる点が挙げられる。本書で紹介する分析手法の多くは R により分析可能である。

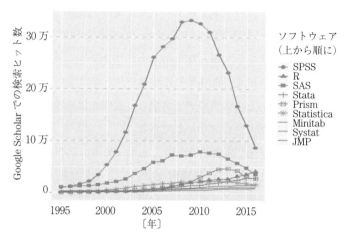

図1　主要統計ソフトウェアの論文での利用状況
r4stats.com："The Popularity of Data Science Software",
https://r4stats.com/articles/popularity/ より引用

　図は主要統計ソフトウェアの論文での利用状況を Google Scholar にて検索した結果である。検索漏れや誤検索も含まれるため，あくまで参考値であるものの，R の増加傾向と SPSS，SAS の減少傾向が見てとれる。2016 年には R が SAS を抜いて Google Scholar での検索ヒット数の第 2 位となった。SAS と SPSS の減少は 2008 年頃から見られるため，リーマン・ショック後の不景気により有料ソフトウェアの利用が減少しているとの見方もある。また，図ではカウントされていないが，近年は多変量解析も可能なプログラミング言語である Python のシェアが増加している。Python はライブラリが豊富で，コードが初心者でも理解しやすいといわれている。また機械学習に特化したライブラリが豊富であるため，近年需要が高まっている AI（人工知能）や機械学習の開発・分析に多く用いられている。
　有料ソフトの多くは比較的高価格であるため，それらと同等の機能を備えたフリーの互換ソフトウェアの開発が進められている。SPSS の互換ソフトウェアは "PSPP" や "Gretl" で，GUI での操作が可能である。

2

記　述　統　計

　「交通量調査」,「土質実験」などの調査・実験から得られたデータは,3章以降に説明される多種多様な多変量解析手法により分析される。それらの分析の前段階として,記述統計と呼ばれる手法により分析対象となるデータの性質を理解する必要がある。

　記述統計の結果により,データの特徴を理解することが可能となるだけでなく,多変量解析手法の選定や欠損データの修正などに活用することができる。記述統計は多変量解析手法適用時のみならず,いかなる分析においても,データを得たらまず実施する必要がある基礎的な事項として位置付けられている。

2.1　多変量解析における記述統計の役割

　多変量解析では,「交通量調査」,「土質実験」などから得られた調査・実験データや,総務省統計局[†]などで公表されている統計データを用いて,さまざまな分析を行う。分析手法には,回帰分析(4章)や判別分析(6章)など多種多様な手法が存在し,分析目的やデータの性質により分析手法が決定される。

　調査・実験などで得られたデータには**変動**(variability)が存在するため,図表や数値などを用いてその特徴を客観的に把握する必要がある。このように,分析対象であるデータの特徴・傾向を整理・要約する方法を**記述統計**(descriptive statistics)という。記述統計は**すべての多変量解析手法の適用前に実施**し,分析対象のデータの特徴を把握した上で多変量解析に入ることが求められる。

　例えば,ある道路区間で車両の速度調査を実施したとする。取得したデータがすべて40 km/hであれば,記述統計を用いて当該道路区間での車両速度の

---

　†　総務省統計局によって管理されているe-Statでは,各府省で公開されている各種統計データをまとめてウェブ上で公開している。土木・交通計画に関連するデータも数多く存在しており,有用である。

傾向を分析する必要はない。しかし，一般的にデータは変動しているため，「分布図の作成」や「データの特性を表す数値の算出」によりデータの分布傾向を把握する方法が取られる。

記述統計により，分析データのいくつかが平均から著しく離れている場合，それらは外れ値である可能性やデータ取得や記入ミスの可能性を指摘できる。また例えば，二日間に渡りある道路区間の車両速度を計測したとして，初日は通常とおりの交通流であったが，二日目はあるイベントの影響により渋滞が発生していたとする。この場合，初日と二日目の平均速度は大きく乖離している可能性が高く，一緒に分析できないことを知ることができる。

2.2　データの種類

多変量解析手法の選択はデータの種類によって異なる。例えば，2変数間の相関度合いを示す指標として，「相関係数」と「相関比」が存在する。量的データどうしであれば「相関係数[†]」，量的データと質的データであれば「相関比」を用いる必要がある。

表2.1に示す「ある大学における学生の通学状況」のデータを用いてデータの種類について説明する。このデータはある大学に通学する学生10人の

表2.1　ある大学における学生の通学状況

個人番号	通学手段	運賃	時間	学年	性別	満足度
1	鉄道	720 円	45 分	3 年	男	3
2	鉄道	530 円	30 分	2 年	女	4
3	バス	210 円	18 分	4 年	女	2
4	鉄道	640 円	40 分	1 年	男	4
5	鉄道	490 円	25 分	1 年	男	5
6	自転車	0 円	15 分	3 年	男	5
7	バス	270 円	25 分	1 年	女	1
8	自転車	0 円	10 分	4 年	男	4
9	鉄道	340 円	15 分	2 年	男	3
10	自転車	0 円	13 分	3 年	女	5

---

†　詳細は3章で述べる

「通学手段」，「運賃」，「通学時間」，「学年」，「性別」，「通学手段の満足度（5段階）」から構成されている。これらの項目は**変量**もしくは**変数**（variable または variate）と呼ばれる。変量は変動を伴う異なる値を取り得る量を示している。なお，説明変数が二つ以上になると**多変量**（multivariate）となるため，本書で取扱う多変量データを解析する方法は**多変量解析**（multivariate analysis）と呼ばれている。

2.2.1　質的データ

　データは質的データと量的データに大別される。**質的データ**（qualitative data）は，**カテゴリーデータ**（category data）とも呼ばれ，血液型（A型，B型，O型，AB型），天気（晴，曇，雨，雪）など，対象となる人・物・現象などの違いを区分するものである。表2.1では，「通学手段（鉄道，バス，自転車）」と「性別（男，女）」が質的データに該当する。

　質的データは基本的に数値を観測しないが，**ダミー変数**（dummy variable）と呼ばれる0または1をとる変数に置き換えることで数量化することができる。例えば，表2.1のデータを用いて性別が交通手段選択に影響しているか分析したいとする。このとき，「男」，「女」のままでは種々の多変量解析手法を適用できないため，例えば男性を0，女性を1として数量化する処置が取られる。

　質的データはさらに名義尺度と順序尺度の二つに分類される。

　〔1〕　**名義尺度**　　**名義尺度**（nominal scale）は，「データを構成する個体は他の個体とは異なるか同一か」という判断基準によっており，カテゴリーの分類を表すものである。例えば「性別」では，個人を「男」と「女」により区別している。「男」，「女」は単に性別を区別するために用いられている尺度であり，言うまでもなく男女間に何か差が存在するわけではない。

　ダミー変数により男を0，女を1とした場合，女は男より何か1だけ多いわけではないし，男子を1，女子を0としても支障はない。また，これらの平均をとっても何の意味もない。以上のように，**名義尺度における数字には何の意味も存在しない**ため，代数的な意味も存在しないのである。

〔2〕 **順 序 尺 度**　　順序尺度 (ordinal scale) も質的データであるが，名義尺度と異なる点は，数値の大小関係が個体の状態の順序関係を表すことである。つまり，順序尺度に分類されるデータは，**大小関係の比較が可能である**ところに特徴がある。

表 2.1 では，「学年」や「満足度」が順序尺度にあたる。満足度は「1：大いに不満足，2：不満足，3：普通，4：満足，5：大いに満足」と表されており，数値が大きいほど満足度が高くなる。例えば「4：満足」と選んだ学生は「2：不満足」を選んだ学生よりも現在の通学状況に満足していると解釈される。

ただし，「4：満足」の学生が「2：不満足」の学生よりも 2 倍満足度が高いという解釈にはならないことに注意が必要である。順序尺度では，**数値の大小関係には意味があるが，間隔（差）には意味はない**のである。そのため，「不満足」を 10，「満足」を 100 と書き換えても支障はない。なお，各カテゴリーの数値をカテゴリー値という。

質的データについては，名義尺度と順序尺度の両方とも，各カテゴリー値に対する**四則演算は行えない**。例えば，表 2.1 の「満足度」の平均値は 3.6 となるが，この平均値には特段の意味はない。その理由は，満足度を示す 5 段階 (1，2，3，4，5) の各間隔は，本来は等間隔ではないことと，各個人が評価した同じ数字の満足度は等価ではないためである。例として，個人番号 5 と 6 の満足度は「5」で同じ数字であるが，等価とは言い切れないのである。

2.2.2　量 的 デ ー タ

「交差点での交通量」や「空港での離発着回数」は数値として表現され，数値の大きさや間隔（差）に意味がある。このようなデータを**量的データ** (quantitative data) と呼び，表 2.1 では「運賃」や「時間」が該当する。例えば「運賃」は，数値の大小が通学運賃の大小を示しており，個人番号 1 (720 円) と個人番号 2 (530 円) の通学運賃の差である 190 円には意味がある。これは質的データとは異なる点である。量的データは間隔尺度と比例尺度の二つの測定尺度に分類される。

〔1〕 **間 隔 尺 度**　　間隔尺度 (interval scale) とは，数値として表される

データのうち,「等間隔であるが物理的な原点を持たないデータ」と定義される。間隔尺度の代表例は気温である。気温は等間隔であるが, 気温10℃の日に比べて20℃の日が2倍暑いわけではない。日本では気温は「摂氏」として表されるが, これは水の氷点である0℃からの差により温度を表したものにすぎない。基準点を異なる値に設定すれば気温の値もそれに応じて変わるため, 気温の原点と間違えられがちな0℃は物理的な原点ではない。間隔尺度に分類されるデータは, 間隔が等間隔であることから**加算と減算が適用可能**である。

〔2〕 **比例尺度**　　比例尺度（ratio scale）は, 数値として表されるデータの中で,「物理的な原点を持ち, 数値間の比率に意味があるデータ」と定義される。表2.1では「運賃」や「時間」が比例尺度に分類される。例えば通学時間では, 個人番号1（45分）は個人番号2（30分）と比較して通学に1.5倍を要している, という解釈が可能である。比例尺度は**四則演算すべてが適用可能**である。

間隔尺度と比例尺度の両方とも数値の大小関係と間隔に意味がある。間隔尺度と比例尺度の違いは, **絶対的な原点（通常はゼロ点）があるかないか**, もしくはデータが**比例関係にあるかないか**である。

以上の四つの尺度を整理したものが**表2.2**である。測定尺度により適用可能な演算が限定されること, 名義尺度から比例尺度に近づくにつれて, 適用可能な演算の種類が増加する点が特に重要である。

表2.2　測定尺度の分類

	測定尺度	特　徴	適用可能な演算	データの例
質的データ	名義尺度	区別に意味がある	カウント	クラス, 学生番号, 性別, 車のナンバー, 交通手段
	順序尺度	順序に意味がある	>, <, =	学年, 満足度, 順位
量的データ	間隔尺度	数値の間隔に意味がある	+, −	気温（摂氏, 華氏）, 西暦
	比例尺度	ゼロと比率に意味がある	+, −, ×, ÷	交通量, 運賃, 通学時間, 絶対温度

2.3　度数分布表とヒストグラム

多変量解析に限らず，調査・実験によるデータ取得後は，まず度数分布表およびヒストグラムを作成することから始める。得られたデータには変動が内包されており，そのバラツキがどの程度のもので，どのような性質を有しているか把握するためである。

2.3.1　度数分布表とヒストグラムの作成

〔1〕　**度数分布表**　　調査・実験データの分布特性を把握するには**ヒストグラム**（histogram：**柱状図**）が適しており，ヒストグラムの作図には**度数分布表**（frequency distribution table）が必要である。「ある道路区間で収集した車両速度」のサンプルを例として作成した度数分布表を**表2.3**に示す。

表2.3　車両速度の度数分布表（階級幅 15 km/h）[†]

下限値〔km/h〕	上限値〔km/h〕	階級値〔km/h〕	度数	相対度数〔%〕	累積相対度数〔%〕
0	15	7.5	0	0	0
15	30	22.5	7	12.7	12.7
30	45	37.5	13	23.7	36.4
45	60	52.5	22	40.0	76.4
60	75	67.5	9	16.3	92.7
75	90	82.5	4	7.3	100
		合計	55	100	

度数分布表は，1変数のデータが取り得る範囲内でいくつかの**階級**（class）に分け，階級に存在するデータ数である**度数**（frequency）を示した表である。表2.3の度数分布表では，階級幅を 15 km/h として階級数が六つに分けられている。この度数分布表より，例えば 15 ～ 30 km/h の階級における度数は 7 とわかる。なお階級の区間は，下限値以上（≧）上限値未満（<）とされることが一般的であるが，下限値より大きく（>）上限値以下（≦）とすることもある。各階級を代表する値を**階級値**（class value）と呼び，通常は各階級の中

[†]　階級は下限値以上，上限値未満としている。

央値[†1]を用いて表される[†2]。例えば，30 〜 45 km/h の階級では，代表値は
37.5 km/h となる。

　相対度数（relative frequency）は全データに占める各階級に属する度数の割
合であり，データ数が異なる対象を比較する際に有用である。例えば，今回は
道路区間 A を対象とした速度調査で，サンプルサイズは 55 である。後日に道
路区間 B で速度調査を実施し，そのときのサンプルサイズが 100 であったと
する。道路区間 A，B 間で同じ階級を比較するときには，全体のサンプルサイ
ズが異なるため，度数ではなく相対度数を用いるべきである。

　累積相対度数（cumulative relative frequency）は相対度数の累積値であり，
最終的に 100 % となる。対象データによっては相対度数よりも累積相対度数
のほうが有用であることがある。今回の速度調査はその好例であり，例えば
45 〜 60 km/h が全体の何 % を占めるかを調べるよりは，制限速度である 60
km/h 以下が全体の何 % を占めるか調べることが有用となる場合がある。今
回の場合，表 2.3 より，60 km/h 未満の累積相対度数は 76.4 % となっている。

　〔2〕 **ヒストグラム**　　度数分布表をベースとして，1 変数データの度数や
相対頻度を柱状のグラフで示したものを**ヒストグラム**（histogram）という。
ヒストグラムにより，データの分布形状を視覚的に把握することができる。表
2.3 の速度調査の度数分布表に対応するヒストグラムを**図 2.1**（a）に示す。

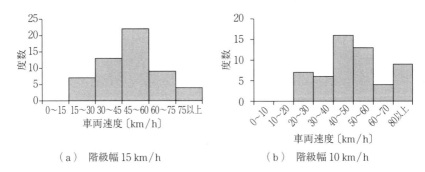

　　　　（a）　階級幅 15 km/h　　　　　　（b）　階級幅 10 km/h

図 2.1　車両速度のヒストグラム

---

　† 1　2.4〔4〕参照。
　† 2　各階級の中では，車両速度は一様に分布していると仮定されているためである。

また，階級幅を 10 km/h としたヒストグラムを図（b）に示す。一般的に，
ヒストグラムでは横軸に階級値，縦軸に度数や相対度数をとる。

　ヒストグラムからは，分布の中心および形状，データのばらつき具合，分布
から大きく離れたデータ（外れ値，異常値）の有無など，数多くの特徴が視覚
的に得られる。階級幅 15 km/h（図 2.1（a））の例では，車両速度分布は 45
〜 60 km/h 付近が最も多く，ほぼ左右対称であることがただちに理解できる。

　〔3〕　**階級数の決定**　　　　ヒストグラムは分布形状の把握が容易である一方
で，階級数に応じてグラフ形状が変化する可能性があるため，ヒストグラムの
解釈には注意が必要である。そのため，階級数の決定はヒストグラム作成時に
最も注意を払う必要がある。図 2.1 の（a）と（b）は，それぞれ階級幅を
15 km/h，10 km/h として作成したヒストグラムである。

　両図を比較すると，図 2.1（b）は階級幅が狭くなった分，分布の大まかな
特徴を掴みにくくなっている。階級幅を 15 km/h とした図（a）では，階級
45 〜 60 km/h を中心としたベル型の分布をなしている特徴が見て取れる。し
かし，階級幅を 10 km/h とした図（b）では，階級 20 〜 30 km/h と 30 〜
40 km/h では，前者の階級のほうが度数が高いことがわかる。同様に，階級
60 〜 70 km/h と 80 km/h 以上の階級を比較すると，80 km/h 以上のほうが
度数が大きい。このように，図（a）のように階級幅が比較的広いと，分布の
大まかな特徴を直感的に掴みやすくなることがわかる。その一方で，階級幅を
縮めた図（b）のほうが，階級間の度数差を把握することができる利点があ
る。以上のように，階級数によりヒストグラムの形状が変化することから，ヒ
ストグラム作成時には適切な階級数の設定が求められる。

　しかし厄介なことに，階級数の設定に関して統一のルールは存在しない。た
だし，階級数を設定する際の目安の一つとして**スタージェスの公式**（Sturges'
formula）がある。スタージェスの公式によれば，データ数を n とすると階級
数 m は次式により求められる。

$$m = 1 + \frac{\log_{10} n}{\log_{10} 2} \approx 1 + 3.32 \log_{10} n \tag{2.1}$$

表2.3のデータ（$n=55$）では$m=6.77\approx7$となる。ほかにも

$$m=\sqrt{n} \tag{2.2}$$

という関係式が用いられる場合もある。表2.3のデータでは$m=7.12\approx7$となる。どの方法が最良であるか一概には言えないが，これらはあくまでも目安であり，データの分布特性を適切に表現するために，試行錯誤のうえに階級幅を設定する以外にない。2.3.3項の「Excelによるヒストグラムの作成」において，階級数の決定プロセスの一例を紹介する。

2.3.2　分布形状の特徴

〔1〕　**単峰性と双峰性**　　ヒストグラムの考察に際して着目すべきことの一つ目に，単峰性と双峰性がある。**単峰性**（unimodal）とは分布の峰（ピーク）が一つの分布形状であり，**双峰性**（bimodal）とは，分布のピークが二つの分布である（**図2.2**参照）。また，ピークが三つ以上ある分布形状は**多峰性**（multimodal）という。

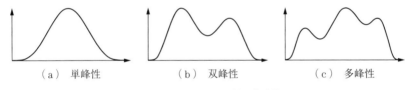

| （a）　単峰性 | （b）　双峰性 | （c）　多峰性 |

図2.2　単峰性，双峰性，多峰性

　視覚的にみて，ヒストグラムに双峰性（または多峰性）が認められそうな場合には，性質の異なるデータが混在している可能性が考えられる。例えば，「ある鉄道駅における過去10年間の1日あたり利用者数」についてヒストグラムを作成したとする。鉄道駅は平日と休日で利用者数が大きく異なることがあるため，分布の峰が平日と休日の二つとなり，双峰性を有した分布となる可能性がある。この場合は，平日と休日のサンプルを分けてヒストグラムを作成する必要がある。このような処理を**層化**（stratification）という。

　〔2〕　**対　称　性**　　分布の**対称性**（symmetrical）もヒストグラムの考察で確認すべき点の一つである。対称性とは，分布形状が左右対称であるか，左

右のどちらかに歪んでいるか，ということである（**図2.3**）。対称性を確認すべき理由の一つとして，分布の対称性が異なることにより，2.4節の代表値で説明する平均値，中央値，最頻値の関係が変化することが挙げられる。

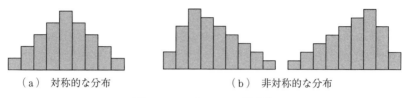

（a） 対称的な分布　　　　　　　　（b） 非対称的な分布

図2.3 ヒストグラムの対称性

〔3〕 **外 れ 値**　　ヒストグラムに分布から離れた値がある場合がある（**図2.4**）。このような値を**外れ値**（outlier）と呼ぶことがあり，場合によっては分析対象から除外する場合がある。ただし，外れ値の除外には注意が必要

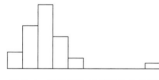

図2.4 外れ値と見受けられる例

で，安易な除外は重要なデータを失う場合もあるため，注意が必要である。

例えば，外れ値が分布の右側にあり，分布形状のピークが分布の左側にある場合（右裾の厚い分布），外れ値を除外せず，全データを対数変換する処置を検討する。対数変換後のデータが正規分布となり，外れ値も見受けられない場合は対数変換したデータを用いて分析を実施することもある。

外れ値が**異常値**（abnormal value）でないかの確認も必要である。異常値とは，観測・計測の失敗やデータの混入など，外れ値となった理由が明確である場合である。異常値であることが明らかである場合，外れ値を除外することに問題はない。

2.3.3　**Excel によるヒストグラムの作成**

Excel では，ヒストグラム（および度数分布表）を簡単に作成できる。ここでは，「ある道路区間における通過車両の速度データ」を例として，ヒストグラムの作成を試みる。なお，ヒストグラムの作成には「分析ツール」の設定が必要であるが，設定手順の説明は割愛する。

1) **図2.5** のように，分析対象のデータを任意のセル（ここではA2：B13）に入力する。C列には各階級の「上限値」を入力する。1行目には

データのラベル（速度データ，階級上限値）を入力しておくとよい（入力しなくてもよい）。なお，Excelのヒストグラムツールでは，階級の下限値および上限値は「下限値より大きく（＞），上限値以下（≦）」として各階級の度数が求められる。

2) ［データ］タブから［分析］グループの［データ分析］をクリックし，**図2.6**のダイアログボックスを表示させる。

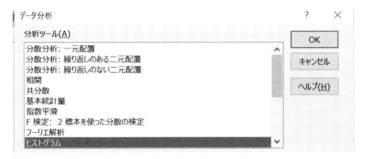

	A	B	C
1	速度データ		階級上限値
2	57	37	10
3	47	41	20
4	35	61	30
5	62	46	40
6	34	57	50
7	52	46	60
8	50	35	70
9	43	6	80
10	66	78	90
11	60	72	
12	50	54	
13	44	64	
14			

図2.5 分析データの準備

図2.6 ［データ分析］ダイアログボックス

3) ［ヒストグラム］を選択して［OK］をクリックする。

4) **図2.7**のダイアログボックスが新たに表示される。ヒストグラムの引数を以下のように決定する。

1. ［入力範囲］に分析対象のデータ範囲（A2：B13）を選択する。

2. ［データ区間］に階級の上限値の範囲（C2：C10）を選択する。

3. ［出力オプション］で結果の出力先を指定する。ここでは，新規ワークシートとした。［グラフ作成］にチェックを入れると，度数分布表と同時にヒストグラムも作成される。

図2.7 ヒストグラムの引数の入力

以上の後に［OK］をクリックすると，［出力先］で指定した箇所に度数分布
表とヒストグラムが作成される。

〔1〕　**ヒストグラム作成の結果（1回目）**　　階級幅を 20 km/h とした**図
2.8**に示すヒストグラムは，40 ～ 60 km/h をピークとした単峰性を有した分
布であるように見える。外れ値はないようである。対称性については，やや右

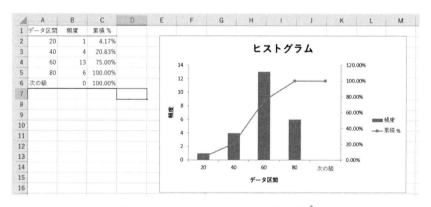

図2.8 ヒストグラム作成の結果（1回目）[†]

[†]　正式には，ヒストグラムは隙間のない棒グラフで表現される。しかし Excel のヒスト
　　グラムでは，図2.9のように隙間のある棒グラフとして表現される。Excel で作成し
　　たヒストグラムをレポートなどで用いる際には，隙間のない棒グラフに修正したほう
　　が好ましい。

側に重心が寄っていることが見て取れる。なお前述のとおり，セル C2 〜 C10 に入力した階級値の上限がヒストグラムの横軸となっている。つまり，横軸が「40」である場合，階級幅 r は $20<r\leqq40$ であることを示している。なお，Excel では縦軸は「頻度」と表示されるが，これは「度数」を意味している。

〔2〕　**ヒストグラム作成の結果（2回目）**　　つぎに，階級幅を 10 km/h にして作成したヒストグラムを**図2.9**に示す。このヒストグラムを見ると，10 km/h 台の値が一つだけ分布から離れており，外れ値または異常値である可能性を指摘できる。20 km/h 刻みのヒストグラム（図2.8）では，外れ値の存在を指摘できなかった。このことからも，さまざまな階級幅でヒストグラムを作成することが重要であることが理解できる。

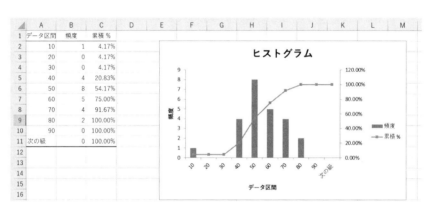

図2.9　ヒストグラム作成の結果（2回目）

　10 km/h 刻みでも同様に単峰性を有していることが見て取れるが，分布のピークが 40 km/h 台にあることがわかる。20 km/h 刻みのヒストグラムでは，分布のピークは 40 〜 60 km/h に存在するという情報のみ得られたが，10 km/h 刻みのヒストグラムを作成することにより，より細かい情報を得ることができた。

　対称性については，20 km/h 刻みの分布では分布のピークがやや右側に寄っていることが示唆されたが，10 km/h 刻みのヒストグラムでは，やや左側にピークがあることが見て取れる。このように，階級幅の変化に応じてヒストグ

30　　2. 記　述　統　計

ラムから読み取れることも変わるため，階級幅は試行錯誤のうえに決定することが求められる。

　階級幅は対象データの特徴に応じた決定も必要である。今回の速度調査データについては，例えば法定速度を超過している車両が全体に占める割合を知りたい場合がある。例えば，法定速度を 50 km/h とすると，図 2.9 のヒストグラムより，法定速度を超過している車両は 24 車両中 13 台（全体の 54.2 %）であることがわかる。20 km/h のヒストグラム（図 2.8）からは，50 km/h 以上の相対累積度数を把握することができない。また，速度データの場合は 10 km/h 刻みや 5 km/h 刻みで論じられることが多く，例えば 7 km/h 刻みでは考察も困難となる。このように，対象データの性質や考察のやりやすさも考慮して階級を決定することも実務的には必要である。

2.4　代　　表　　値

　度数分布表とヒストグラムを用いることで，データの分布特性を視覚的に捉えることができた。しかしながら，視覚的に得た情報には**客観性が不足**しているため，分布特性を示すなんらかの数量的概念を用いた**客観的指標が必要**である。分布形に関する考察は以下で説明する**代表値**（averages）[1] を用いた客観性を有したものでなければならない。ここでは，n 個のデータがあるとして，それらを x_1, x_2, x_3, $\cdots$, x_n と表す。

　〔1〕 平　　均　　最もよく用いられる代表値は**平均**（mean）である。平均には**算術平均**（arithmetic mean），**幾何平均**（geometric mean）などさまざまな種類が存在するが，算術平均を利用することが多い[2]。算術平均は n 個のデータの総和をデータ数 n で除した値であり，次式で定義される。

$$\overline{x} = \frac{1}{n}\sum_{i=1}^{n} x_i \tag{2.3}$$

---

† 1　基本統計量（fundamental statistics）ともいう。
† 2　本書では，特段の断りがない限り「平均」は「算術平均」を指すものとする。また，算術平均は相加平均とも呼ばれる。

〔**2**〕**分散，標準偏差**　取得したデータのバラツキを表す指標の一つに**分散**（variance）がある。分散は s^2 で表記され，次式で定義される。

$$s^2 = \frac{1}{n}\sum_{i=1}^{n}(x_i - \overline{x})^2 \tag{2.4}$$

ここで，x_i は観測値（データ），$\overline{x}$ は観測値の平均，n はデータ数である。式 (2.4) の括弧内は，観測値 x_i と観測値の平均 $\overline{x}$ との差であり，平均値からのずれを表している。これを**偏差**（deviation）という。

式 (2.4) で表した分散のほかに，**不偏分散**（unbiased variance：$\hat{\sigma}^2$）という分散がある。これは，全体（母集団）の一部のデータ（標本）から，母集団の分散を推定する際に用いられ，以下のように定義される。

$$\hat{\sigma}^2 = \frac{1}{n-1}\sum_{i=1}^{n}(x_i - \overline{x})^2 \tag{2.5}$$

通常の分散との違いは，データ数 n で除すのではなく，$n-1$ で除すところにある。なお，「〔9〕 Excel による代表値の算出」にて後述するが，Excel の関数においても「分散」と「不偏分散」は明確に区別されている。「不偏分散」を算出しなければならない場面で「分散」を算出する誤りは非常に多く見受けられるため，注意が必要である。

分散は次元が観測値の次元の 2 乗であるため，直感的にバラツキの度合いを把握することが難しい。例えば，車両速度調査の分散が 226.0（単位は「km/h」の 2 乗）であるとする。バラツキがどの程度か直感的に理解できるだろうか。直感的にバラツキの程度を理解するためには，分散の平方根をとり，測定単位をもとの観測値と同じにする処置をとる。この統計量を**標準偏差**（standard deviation）と呼ぶ。標準偏差は分散 s^2 の平方根であることから s と表記される。

$$s = \sqrt{s^2} = \sqrt{\frac{1}{n}\sum_{i=1}^{n}(x_i - \overline{x})^2} \tag{2.6}^{\dagger}$$

この式を用いると，前述の車両速度調査の標準偏差は 15.06（単位は

---

†　不偏標準偏差の場合，不偏分散と同様に $n-1$ で除す。

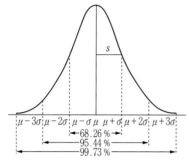

図2.10 正規分布における
標準偏差の範囲

「km/h」）と算出される。観測値と同じ測定単位であるため，バラツキの度合いを直感的に把握することができる。

なお，**図2.10** に示す平均 μ を中心として左右対称の釣り鐘型の分布を**正規分布**（normal distribution）というが，平均値 μ と標準偏差 σ の間には，$\mu \pm \sigma$ の範囲に全データの 68.26 ％ が，$\mu \pm 2\sigma$ の範囲に全データの 95.44 ％ が分布している。正規分布における標準偏差の範囲は，統計学や多変量解析などでよく用いられる概念である。

〔3〕 **変 動 係 数**　　二つの異なる集団のバラツキの程度を比較する場合，標準偏差や分散は必ずしも適切な指標になるとは限らない。例えば，平均値が大きな集団は，標準偏差も大きくなる可能性が高いためである。この説明に有用な例として，地域間所得が挙げられる。

1975 年の一人あたり県民所得の平均は 101.6 万円，標準偏差は 14.0 万円であった。これが 1990 年には平均 262.8 万円，標準偏差 450 万円となった。さて，都道府県間格差は 15 年で拡大もしくは縮小のどちらになっているだろうか。

標準偏差を比較すると，1975 年から 1990 年にかけて 18.8 倍となっている。しかしながら，1975 年と 1990 年の所得の平均値は 161.2 万円の差があり，所得分布の位置は大きく異なる。そのため，平均値に対する標準偏差の率として定義される**変動係数**（coefficient of variation，**CV**）による比較が必要である。変動係数は以下のように定義される。

$$CV = \frac{s}{x} \tag{2.7}$$

変動係数は**無次元量**（dimensionless quantity）であるため，今回の例のように直接的な比較ができない場合にも，二つの異なる集団のバラツキを比較することができる。1975 年と 1990 年の一人あたり県民所得について変動係数を算

出すると，それぞれ 7.28 と 5.84 となり，都道府県間の所得格差はむしろ縮小
しているという結論になる。

〔4〕 **中 央 値**　n 個のデータ x_1, x_2, x_3, $\cdots$, x_n を大きさの順に並び
替えたデータ列を y_1, y_2, y_3, $\cdots$, y_n とする。このとき，データ列 y_i のちょ
うど中央の値を**中央値**（median，**中位数**）と呼ぶ。中央値はデータ数が奇数
か偶数かにより算出式が異なる。中央値を $\tilde{x}$ とすると，つぎのように表される。

（データ数 n が奇数の場合）　$\tilde{x} = y_{\frac{n+1}{2}}$ 　　　　　　　　　　　　(2.8)

（データ数 n が偶数の場合）　$\tilde{x} = \dfrac{1}{2}\left(y_{\frac{n}{2}} + y_{\frac{n}{2}+1}\right)$ 　　　　　　(2.9)

n が奇数の場合は，データ列の中央，$(n+1)/2$ 番目の値が中央値となる。
n が偶数の場合は，データ列の中央は $n/2$ 番目の値と $(n/2)+1$ 番目の値の二
つになるため，中央値はそれらの平均として定義される。

中央値は，**分布形が非対称で左右のどちらかに歪んでいる場合に有用な指標**
である。例えば，あるバス停の 1 日あたりの利用者数が以下のように 10 日間
分得られたとする。

　　　153，160，145，154，162，158，146，152，262，355 〔人〕

このバス停の利用者数は 1 日あたり約 150 人であるが，普段よりもはるかに
利用者数が多いことがあり，偏った分布となることがある。今回の場合，他の
値よりはるかに大きい 262 人と 355 人が分布形を左右非対称とし，平均値を押
し上げている。このような場合，平均（184.7 人）をとる意味が低下し，分布
の中心を捉える代表値は平均と比較して外れ値の影響を受けにくい中央値（156
人）が適当となる。

〔5〕 **最 頻 値**　データの中で最も頻繁に出現する値は**最頻値**（mode）
として定義される。サンプルサイズが小さいと，そもそも同じ値が存在しない
（すべてのサンプルの出現が 1 回）場合がある。その場合は，度数分布表におい
て最も度数が大きい階級の階級値が最頻値として定義されることが多い。例
えば，表 2.3 の度数分布表では，45 人以上 60 人未満の階級の度数が最も大き
いため，最頻値は 52.5 人となる。

最頻値は分布のピーク位置を知りたいときに有用な代表値である。しかし，双峰性を有する分布形においては，最頻値はさほど意味がある代表値とならない。また，データが特定の階級に集中して極端に分布が偏っている場合においても，平均値ではなく最頻値を使ったほうがよい場合がある。

〔6〕 **最大値，最小値，レンジ**   データのバラツキ度合いを調べるときは，まずデータの**最大値**（maximum value）と**最小値**（minimum value）を確認する。データの最大値と最小値との差を**レンジ**（range）といい，基本的にはレンジが大きいほどデータがばらついている可能性が高い。ただし，データの中に一つだけ極端に大きい（小さい）値が存在すると，レンジは非常に大きくなる。このような場合は，レンジを調べることにより，極端に大きい（小さい）値が存在する可能性を指摘することができる。

〔7〕 **四 分 位 数**   外れ値の影響を受けにくい安定した尺度に，**四分位数**（quartile）を用いた**四分位範囲**（quartile range）および**四分位偏差**（quartile deviation）がある。四分位数は，データを小さい順に並べたとき，データ数を4等分する位置にある数値であり，一般的には**第1四分位数** Q_1，**第2四分位数** Q_2，**第3四分位数** Q_3 が存在する。また，データを小さいほうから数えて全体の q % に位置する値を **q パーセンタイル**（percentile）と呼ぶ。第1四分位数は25パーセンタイル，第2四分位数は50パーセンタイル，第3四分位数は75パーセンタイルである。

四分位範囲 Q_R は第3四分位数 Q_3 と第1四分位数 Q_1 の差であり

$$Q_R = Q_3 - Q_1 \qquad (2.10)$$

と表され，四分位偏差 Q_D は四分位範囲 Q_R の 1/2 の値として定義され

$$Q_D = \frac{Q_R}{2} = \frac{Q_3 - Q_1}{2} \qquad (2.11)$$

と表される。

四分位数を用いてデータのバラツキをわかりやすく表現したグラフが**箱ヒゲ図**（box plot）である。道路区間 A，B を対象として車両速度調査を実施したとして，作成した箱ヒゲ図を**図 2.11** に示す。第1四分位から第3四分位を用

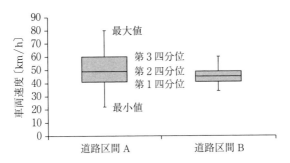

図 2.11 道路区間 A, B における交通量の箱ヒゲ図

いて箱を作り，箱の上下にヒゲ（エラーーバー）を付ける。図2.11 の箱ひげ図を見ると，道路区間 A での車両速度のほうがよりバラツキが大きいことが即座にわかる。

なお，2.3.2〔3〕で説明したヒストグラム作成時の考察ポイントの一つとして外れ値の見極めを挙げたが，外れ値の特定は箱ひげ図からの特定が有用である。

〔8〕 **歪度，尖度** 分布の形状を表す尺度に歪度と尖度がある。**歪度**（skewness：S_k）は分布の歪み具合や非対称性を表す尺度であり，以下のように定義される。

$$S_k = \frac{1}{n}\sum_{i=1}^{n}\left(\frac{x_i - \overline{x}}{s}\right)^3 \tag{2.12}$$

ここで，x_i は観測値，$\overline{x}$ は観測値の算術平均，s は観測値の標準偏差，n はサンプルサイズである。**図 2.12** に示すように，歪度は分布が左右対称に近づくと 0 に近い値となり（$S_k=0$），正の値では右側に歪み（正に歪んだ分布：$S_k>0$），負の値では左側に歪む（負に歪んだ分布：$S_k<0$）。

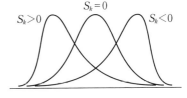

図 2.12 分布形状と歪度の関係

分布の形状によって，2.1.2項で述べた平均値，中央値，最頻値の関係性が異なる。例えば，以下のような関係がある。

〔$S_k=0$ の左右対称の分布である場合〕

　　平均値＝中央値＝最頻値

〔$S_k>0$ と小さな階級値のほうに分布が偏っている場合〕

　　最頻値＜中央値＜平均値　　（正に歪んだ分布）

〔$S_k<0$ と大きな階級値のほうに分布が偏っている場合〕

　　平均値＜中央値＜最頻値　　（負に歪んだ分布）

尖度（kurtosis：K_u）は分布の尖り具合や裾野の広がり具合を表す尺度であり，以下のように定義される。

$$K_u = \frac{1}{n}\sum_{i=1}^{n}\left(\frac{x_i - \overline{x}}{s}\right)^4 \tag{2.13}$$

定義式は歪度と似ているが，歪度は3乗であり，尖度は4乗である点が異な

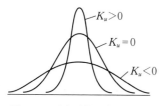

$K_u>0$
$K_u=0$
$K_u<0$

図2.13　分布形状と尖度の関係

る。**図2.13** に示すとおり，$K_u>0$ のとき尖り，$K_u<0$ のときなだらかな分布形状となる。尖度が0のとき**正規分布**（normal distribution）となるため，0よりも大きいか小さいかによって，分布が尖っているか否か判断される[†]。

　　ヒストグラムの作成では，視覚的にデータの分布形状を把握することができた。しかしながら，それはあくまでも主観的な判断に基づくもので，何らかの指標を使った客観的な判断ではない。そのため，本節で説明した代表値を用いているのである。記述統計の分析プロセスとしては，まず① ヒストグラムで大まかにデータの特徴を把握し，② 代表値を用いてその特徴の裏付けを得るという流れである。

〔9〕　**Excel による代表値の算出**　　これまでに説明した基本統計量（代表値）は，Excel を用いて簡単に算出できる。手順は以下のとおりである。

1）　〔データ〕タブから〔データ分析〕を選択するとデータ分析ダイアログ

[†]　正規分布の尖度については，0と3の2通り存在する。一般には0とすることが多く，Excel の分析ツールでは正規分布の尖度を0と定義している。

ボックスが出現する。そこから［基本統計量］を選択し，OK をクリックすると**図 2.14** のような基本統計量の設定ウィンドウが表示される。

2） 基本統計量ダイヤログボックスで，以下の引数を選択する。

① ［入力範囲］に分析対象のデータ範囲を選択する。

② ［出力オプション］で結果の出力先を指定する。ここでは，新規ワークシートとした。また，「統計情報」にチェックを入れる。

以上のプロセスを踏むと，新規ワークシートに結果が表示される。これだけの作業で，代表値のほとんどを瞬時に得ることができる（**図 2.15**）。

図 2.14 基本統計量の設定

図 2.15 基本統計量ツールにより
得られた代表値

	A	B	C
1	列1		
2			
3	平均	184.7	
4	標準誤差	21.83425	
5	中央値（メジアン）	156	
6	最頻値（モード）	#N/A	
7	標準偏差	69.04596	
8	分散	4767.344	
9	尖度	4.166516	
10	歪度	2.1683	
11	範囲	210	
12	最小	145	
13	最大	355	
14	合計	1847	
15	データの個数	10	

ここで，Excel の「基本統計量」機能で算出した標準偏差および分散は 2.4〔2〕で示した「不偏標準偏差」および「不偏分散」であることに注意されたい。つまり，標準偏差および分散の定義式の分母が $n-1$（サンプルサイズ -1）となっている。また，最頻値の値が「#N/A」となっているが，これは「Not Available」を表しており，該当なしであることを意味している。同じ値がデータセットに存在しない場合，すべての値の出現回数が 1 回であるため，最頻値は #N/A となる。

なお，前節で説明した代表値のうち，変動係数と四分位点については「基本統計量」機能では導出できない。そのため，Excel などで個別に導出する必要

がある。「基本統計量」の機能を利用せずに，各代表値を個別に求める関数は**表 2.4** に示すとおりである。

変動係数を導出するエクセルの関数は存在しないため，Excel 内で標準偏差を平均で除する必要がある。

表 2.4　代表値の Excel 関数一覧

代表値	関数
平均（算術平均）	=AVERAGE（データ範囲）
分散	〔分散〕=VAR.P（データ範囲） 〔標準偏差〕=STDEV.P（データ範囲）
標準偏差	〔不偏分散〕=VAR.S（データ範囲） 〔不偏標準偏差〕=STDEV.S（データ範囲）
中央値	=MEDIAN（データ範囲）
最頻値	=MODE（データ範囲）
最大値	=MAX（データ範囲）
最小値	=MIN（データ範囲）
四分位点	=QUARTILE（配列，戻り値）

演　習　問　題

【1】ある港湾のターミナル A，B それぞれのゲート前において，待機トレーラーの待ち時間を観測した。ターミナル A（**表 2.5**）では 77 台，ターミナル B（**表 2.6**）では 33 台のサンプルサイズが得られた。Excel を用いて以下の問いに答えよ。

表 2.5　ターミナル A での待機トレーラーの待ち時間〔分〕

54	53	46	45	66	60	67	58	66	59	54
68	54	82	79	64	60	66	62	56	40	76
53	67	55	48	49	68	59	47	42	68	52
60	43	39	34	32	48	47	49	48	59	74
55	51	28	46	32	45	34	48	35	50	64
78	64	85	56	67	52	69	65	46	77	74
65	36	76	47	33	67	89	47	59	66	57

表2.6 ターミナルBでの待機トレーラーの待ち時間〔分〕

152	92	151	137	111	148	165	143	122	145	134
134	124	142	133	125	147	125	152	111	128	123
121	153	121	142	124	128	139	97	100	134	142

（1）ターミナルAでのトレーラーの待ち時間の各種統計量を「基本統計量ツール」を用いて算出せよ。また，変動係数を求めよ。

（2）ターミナルBでのトレーラーの待ち時間の各種統計量を「基本統計量ツール」を用いて算出せよ。また，変動係数を求めよ。

（3）ターミナルA，Bのどちらのほうが待ち時間の変動が大きいといえるか。（1）および（2）で算出した統計量を用いて説明せよ。

（4）ターミナルAでのトレーラーの待ち時間について，度数分布表とヒストグラムを作成せよ。なお，階級幅は10分と5分の2種類とする。

（5）ターミナルAでのトレーラーの待ち時間分布の歪みは「左偏り」，「歪みなし」，「右歪み」のどれに該当すると考えらえるか。（1）で算出した統計量を用いて考察せよ。

コラム：複数選択のアンケート設問における集計

　交通行動に関する情報を得るためにアンケートやヒアリング等の意識調査を実施する事例が数多く見受けられる。意識調査のデータを獲得した際には，全体像を概観するために単純集計を行うことが基本である。単純集計と聞くとあまりテクニカルではないイメージがあるが，あまりなにも考えずに作業を進めてしまうと罠に陥る。代表例として複数選択が可能な選択肢をもつ設問の集計に発生する誤りがある。例として，地域の住民に対してコミュニティバスの利用意向に関する意識調査を実施し，2500票の有効回答を得たとしよう。その中で，バスの利用意思を決定する際に重視する要素を把握するために，以下のような設問を設定したとする。

　【問】　あなたがコミュニティバスの利用を決める際に重視するものについて，あてはまるものをすべて選び○をつけてください。

　【選択肢】　1. 運賃, 2. 運行頻度, 3. 終発時刻,
　　　　　　　4. 経路, 5. 乗り心地, 6. 乗務員の接遇

　このような設問の集計方法で，初学者にしばしば見受けられる初歩的なミスとして，**図1**のようにすべての回答をまとめて構成率を示してしまう例が挙げられる。このように結果を示した場合，回答者がつけたすべての○のうち「運賃」が最も多く，他の項目についても重要度の「順序」は判明するが，それ以

上の情報はなにも得られない。「運賃，26％」，「運行頻度，17％」の数字は順序
を知るには使えるがその値自体に意味のあるものではない。「割合」は該当する
数を全体数で割ることで算出されるが，分母に相当する「$n = 8\,645$」は回答者
のサンプルサイズでもなく，全員によってつけられた○の総数であり，住民の
バス利用意向を考察するにあたり適切な分母の値であるとは言い難い。

　本来であれば図2のように，それぞれの項目について回答者全体2 500人に対
する選択率を算出し，選択率を項目間で比較できるように示すほうが適切であ
る。この場合の「運賃，89％」「運行頻度，59％」からは重要度の順序を知るこ
とができるほか，挙げられた各項目に対する回答者の絶対的な関心度の指標と
して捉えることもできる。重要度が最も高い「運賃」も，選択率が図2のよう
に89％であるのか，または50％程度であるのかは，今後のバス運行の在り方
を議論するにあたり重要な違いになると思われる。ここで紹介した例は非常に
初歩的なものではあるが，データの集計は「作業をすれば結果が出てしまう」
ものであるために，得られた結果が人々の交通行動や行動意思の把握において
どこまで貢献するのかは，分析者の目的意識や経験に大きく依存することに留
意しなければならない。

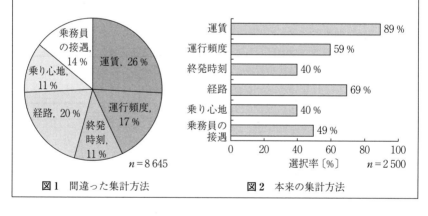

図1　間違った集計方法　　　　　図2　本来の集計方法

3

2変数の分析（相関分析・分散分析）

　変数間の関係を把握しないまま多変量解析手法を適用すると，想定した仮説ど
おりの結果が得られないケースや，結果の解釈が難しくなるケースに直面するこ
とがしばしばある。多変量解析手法に取り組む前に，得られたデータから2変
数を取り出し，その関係を把握することが，結果としてよりよい分析結果を得ら
れる。ここでは，2変数が量的データの場合の関係分析の手法である相関分析
と，量的データのカテゴリ間の差の分析手法である分散分析について解説する。

3.1　相　関　分　析

　多変量解析における2変数の分析は，適用しようとする手法や想定される要
因間の構造が，データと矛盾していないかを確認するプロセスである。また，
分析手法の適用条件となる変数間の独立や線形関係などを確認することも重要
である。さらに，相関係数だけで2変数の関係を判断せず，散布図により分布
を図化して，外れ値がないか，非線形の関係がないか，視覚的に確認しておこ
う。この事前の手間が，この後の多変量解析における手法や変数の選択をス
ムーズに進めることになる。

3.1.1　散　　布　　図

　変数の尺度によって，図化する方法が異なるが，量的データどうしでは一般
に**散布図**（scatter plots）が用いられる。

　ここで，年間の47都道府県の「人口10万人あたり交通事故死亡者数」を縦
軸，「人口あたり自動車保有台数」を横軸として，その値を**図3.1**のように座
標平面上にプロットする。これにより，1人あたりの自動車保有が多い都道府
県ほど死亡事故に遭いやすい傾向があることがわかる。

3.1.2　相　関　係　数

　2変数の間の関係を散布図で表したとき，線形の関係があることを**相関**

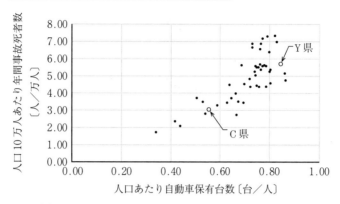

図3.1　都道府県別の人口10万人あたり事故死者数と人口あたり自動車保有台数

（correlation）と呼ぶ。右肩上がりの単調増加に分布していれば正の相関であ
り，反対に単調減少ならば負の相関である。この相関の大小や向きを示す統計
量として，広く一般的に用いられている**相関係数**[†]（correlation coefficient）に
ついて，事故と自動車保有の例から説明しよう。

　まず，変数 x を人口あたり自動車保有台数，変数 y を人口あたり年間事故死
者数とする。x，y の平均値を求めると，$\overline{x}=0.71$，$\overline{y}=4.79$ となった。これ
を，平均値を原点とするように，データを平行移動したものを**図3.2**に示す。

　ここでY県に着目してみる。Y県のデータは $x_{19}=5.65$，$y_{19}=0.85$ であり，

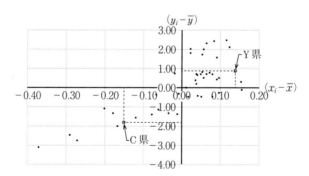

図3.2　平均値を原点として並行移動したもの

[†]　厳密には，これを定式化した人物がカール・ピアソンの名前をとって「ピアソンの積
率相関係数」（Pearson product-moment correlation coefficient）と記す。

図において右上の第1象限に位置する。平均との偏差を乗じた $(x_{19} - \overline{x})(y_{19} - \overline{y})$ も正となる。左下の第3象限に位置するC県のデータは，$x_{12} = 0.56$，$y_{12} = 3.00$ と両変数が平均値よりともに小さい。これも平均との偏差を乗じると正となる。

よって，この総和である式 (3.1) は，第1・3象限にデータが多く分布していれば正となり，反対に第2・4象限にデータが多く分布すれば負となる。この S_{xy} を**偏差積和**（sum of products of deviations）と呼ぶ。2変数の相関の向きに応じて正負の値をとり，絶対値は相関の大小を示す。

$$S_{xy} = \sum_{i=1}^{n} (x_i - \overline{x})(y_i - \overline{y}) \tag{3.1}$$

この偏差積和はサンプルサイズの影響を受ける。そこで偏差積和を n で除した式 (3.2) の s_{xy} を求める。これを**共分散**（covariance）と呼ぶ。

$$s_{xy} = \frac{S_{xy}}{n} = \frac{1}{n}\sum_{i=1}^{n} (x_i - \overline{x})(y_i - \overline{y}) \tag{3.2}$$

しかし，この共分散もデータのばらつきによる影響を受ける。そこでピアソンは共分散 s_{xy} を2変数の標準偏差 s_x と s_y で除すことで，サンプルサイズやばらつきと関係なく相関を示す統計量を提唱した。これが相関係数である。相関係数 r は，式 (3.3) で表される。

$$r = \frac{s_{xy}}{s_x s_y} = \frac{S_{xy}}{\sqrt{S_{xx}}\sqrt{S_{yy}}} = \frac{\sum_{i=1}^{n} (x_i - \overline{x})(y_i - \overline{y})}{\sqrt{\sum_{i=1}^{n} (x_i - \overline{x})^2}\sqrt{\sum_{i=1}^{n} (y_i - \overline{y})^2}} \tag{3.3}$$

S_{xx}, S_{yy} は**偏差平方和**（sum of squared deviation）である。

$$S_{xx} = \sum_{i=1}^{n} (x_i - \overline{x})^2, \; S_{yy} = \sum_{i=1}^{n} (y_i - \overline{y})^2 \tag{3.4}$$

相関係数は $1.0 \sim -1.0$ の範囲の値をとる。**図3.3**の散布図のとおり，1.0 に近いほど正の相関が強く，-1.0 に近いほど負の相関が強い。相関係数が普及した背景に，この指標としてのわかりやすさがある。

3.1.3　相関分析の実際

相関分析は，Excel で簡単に計算できる。このとき，散布図のグラフを作成し〔1〕外れ値，〔2〕線形・非線形，〔3〕疑似相関の3点を必ず確認する。

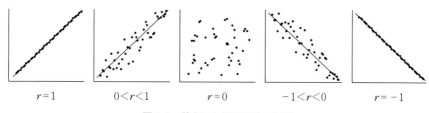

図3.3 散布図と相関係数の関係

〔1〕 **外れ値の確認**　　分布から大きく離れた外れ値は，本来は低いはずの相関係数をまちがって高い値にしてしまうことがしばしばある。**図3.4**はその一例である。高い相関係数をそのまま鵜呑みにしないようにする。

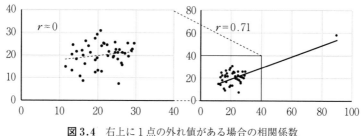

図3.4　右上に1点の外れ値がある場合の相関係数

異常な点の存在は，散布図により確認ができる。異常な点があれば，その原因を調べて外れ値として除外するかどうかを判断する。想定外のケースであった場合は，外れ値として除外するか，調査段階から見直すか判断する。このプロセスにより入力ミスが見つかることも多い。確認が重要である。

〔2〕 **線形・非線形の確認**　　相関係数は，非線形の2変数の関係をそのまま扱うことができない。**図3.5**はその一例である。この相関係数は，ほぼ0である。非線形の関係では，回帰分析における曲線回帰†を応用し，変数変換により相関係数を求めることもできる。また，図の例では，横軸の変数を縦軸の値の変化に応じて分割し，質的データに変換して分析することもある。

〔3〕 **疑似相関の確認**　　疑似相関（illusory correlation）とは，散布図や

---

†　対数関数や指数関数をあてはめるものと，二次関数・三次関数をあてはめるものがある。後者は多項式となるため，重回帰分析を行う。重回帰分析の決定係数は2変数の相関を示すものではないなど，違いに留意する必要がある。

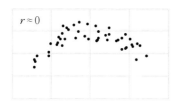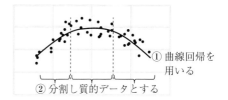

図 3.5 非線形の相関

相関係数の上では 2 変数の間に関係があるようにみえても，その背後にある要因と各変数が関係しているだけで，実際には 2 変数の関係がない見せかけの相関のことである。

図 3.6（a）の散布図から相関係数を求めると，$r = 0.94$ と高い値が得られる。しかし，これは都道府県の規模が大きくなれば，自動車保有台数も多くなるし，事故死者数も多くなるという関係が背後にあるにすぎない。都道府県の人口規模でマーカーを変えて作成した図（b）からも明らかである。

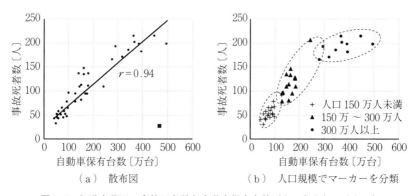

図 3.6 都道府県別の事故死者数と自動車保有台数（人口あたりではない）

地区の人口や面積など，規模を表す指標をデータに用いる場合は，面積で除した密度や人口で除した人あたりなどに変換するとよい。時系列データでも，共通する社会情勢（高度経済成長や少子高齢化など）が背景としての要因になりがちである。適切な時系列データ分析手法の適用が必要である。

3.1.4 Excel による相関分析

ここに，都道府県別の交通事故統計[†1]，道路統計[†2]，国勢調査[†3] のデータを

もとに，交通事故と自動車保有の関係，事故と道路整備の関係を，Excel によ
る相関分析から明らかにする。ここでは，紙幅の関係上，47 都道府県から無
作為に 15 道県を抽出した。これを**表 3.1** に示す。まず，疑似相関を避けるた
め，各道県の規模で除した新たな変数を用意する。つぎに，その新たな変数で
散布図を作成する。最後に，式 (3.3) の相関係数を計算してみよう（**図 3.7**）。

表 3.1 交通事故・自動車保有・道路整備に関するデータ

道県名	事故死者数〔人〕	人口〔千人〕	面積〔km²〕	免許保有者数〔千人〕	実延長〔km〕	改良済延長〔km〕	道路面積〔km²〕	自動車台数〔千台〕
北海道	215	5 506	83 457	3 370	84 298.7	60 442.2	720.53	3 498
青森	66	1 373	9 644	863	19 772.2	12 100.6	125.23	958
福島	112	2 029	13 783	1 322	38 980.2	23 037.3	223.17	1 513
茨城	205	2 970	6 096	2 036	56 219.2	22 656.3	278.01	2 364
埼玉	198	7 195	3 767	4 545	42 660.3	22 268.7	251.42	3 715
神奈川	182	9 048	2 416	5 496	12 845.4	8 169.7	164.8	3 661
新潟	126	2 374	10 364	1 578	30 619.2	20 147.4	235.64	1 748
石川	64	1 170	4 186	764	13 061.9	9 718.1	93.21	848
岐阜	133	2 081	9 768	1 413	30 573.5	17 396.3	177.19	1 611
滋賀	78	1 411	3 767	935	12 367.6	7 309.3	82.79	940
和歌山	52	1 002	4 726	688	13 469.2	6 034.2	66.89	712
島根	31	717	6 708	464	18 190.9	10 077.8	96.74	528
佐賀	58	850	2 440	564	10 786.3	7 572	68.28	625
大分	65	1 197	5 099	780	18 232.1	11 504.5	113.06	862
鹿児島	94	1 706	9 044	1 128	27 067.4	18 541.2	171.61	1 259

〔1〕 **変数の用意**

① 表 3.1 のデータを入力する。

② 19 ～ 35 行に表を作成し，新たな変数を作成する。交通事故死者数は「万

以下は前ページの脚注である。
† 1   警察庁交通事故統計
      https://www.npa.go.jp/publications/statistics/koutsuu/index_jiko.html
† 2   国土交通省道路統計年報（平成 22 年 4 月 1 日現在）
      https://www.mlit.go.jp/road/ir/ir-data/tokei-nen/index.html
† 3   総務省統計局国勢調査人口等基本集計（平成 22 年）。なお，国勢調査および道路交
      通センサスは 5 年おきの調査となっており，いずれも調査年に該当する。
      https://www.stat.go.jp/data/kokusei/2010/index.htm

	都道府県	事故死者数 [人]	人口 [千人]	面積 [km2]	免許保有者数 [千人]	実延長 [km]	改良済延長 [km]	道路面積 [km2]	自動車台数 [千台]
北海道	215	5506	83457	3370	84298.7	60442.2	720.53	3498
青森県	66	1373	9644	863	19772.2	12100.6	125.23	958
福島県	112	2029	13783	1322	38980.2	23037.3	223.17	1513
茨城県	205	2970	6096	2036	56219.2	22656.3	278.01	2364
埼玉県	198	7195	3767	4545	42660.3	22268.7	251.42	3715
神奈川県	182	9048	2416	5496	12845.4	8169.7	164.8	3661
新潟県	126	2374	10364	1578	30619.2	20147.4	235.64	1748
石川県	64	1170	4186	764	13061.9	9718.1	93.21	848
岐阜県	133	2081	9768	1413	30573.5	17396.3	177.19	1611
滋賀県	78	1411	3767	935	12367.6	7309.3	82.79	940
和歌山県	52	1002	4726	688	13469.2	6034.2	66.89	712
島根県	31	717	6708	464	18190.9	10077.8	96.74	528
佐賀県	58	850	2440	564	10786.3	7572	68.28	625
大分県	65	1197	5099	780	18232.1	11504.5	113.06	862
鹿児島県	94	1706	9044	1128	27067.4	18541.2	171.61	1259

都道府県	万人あたり死 者数 [人/万人]	人あたり台数 [台/人]		Syy	Sxx	Sxy
北海道	0.390	0.635		0.01330	0.00290	0.00621
埼玉県	0.481	0.698		0.00063	0.00007	-0.00022
北海道	0.552	0.746		0.00213	0.00039	0.00261
茨城県	0.690	0.796		0.03401	0.01141	0.01970
新潟県	0.275	0.516		0.05318	0.02987	0.03986
岐阜県	0.201	0.405		0.09282	0.08097	0.08669
福島県	0.531	0.736		0.00062	0.00222	0.00118
鹿児島県	0.547	0.725		0.00170	0.00127	0.00147
滋賀県	0.639	0.774		0.01777	0.00722	0.01133
青森県	0.553	0.666		0.00221	0.00053	-0.00108
大分県	0.519	0.711		0.00017	0.00046	0.00028
石川県	0.432	0.736		0.00540	0.00223	-0.00347
和歌山県	0.682	0.735		0.03117	0.00213	0.00814
佐賀県	0.543	0.720		0.00139	0.00096	0.00115
島根県	0.551	0.738		0.00204	0.00238	0.00221
平均	0.506	0.689		計	0.259	0.148	0.176
相関係数	0.901					

図 3.7　相関係数の計算シート

人あたり死者数」とする。B21 に「=B3/C3*10」と入力し，それを複写して 15 道県のデータとする。同じく自動車保有台数は，人口で除した「人あたり台数」とし，C21 に「=I3/C3」と入力し，それを複写する。

〔2〕　散布図の作成

③「万人あたり死者数」と「人あたり台数」から散布図を作成する（図 3.8（a））。線形の関係であることから，そのまま相関係数を求めることとする。

〔3〕　偏差平方和と偏差積和を用いた相関係数の算出

④ 両変数の平均を求める。B37 に「=AVERAGE（B21:B35）」，C37 に「=AVERAGE（C21:C35）」と入力する。

⑤ 式（3.1）の偏差平方和と偏差積和を計算する。E21 に「=（B21-B\$37）^2」を，F21 に「=（C21-C\$37）^2」を，G21 に「=（B21-B\$37）*（C21-C\$37）」を入力し，

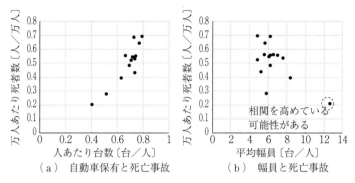

図3.8　出力された散布図の例

それを複写する。E37 に「=SUM(E21:E35)」を入力し，F37，G37 に複写する。

⑥ 相関係数を計算する。B39 セルに，「=G37/(SQRT(E37*F37))」と入力する。こうして，「万人あたり死者数」と「人あたり台数」の相関係数は 0.901 となった。

〔**4**〕　**関数「CORREL」を用いた相関係数の算出**　　つぎに Excel の関数を用いて相関係数を計算する。まず，自動車保有の変数として「免許保有者人あたり台数」を作成する。また道路整備について，道路面積を実道路延長で除した「平均幅員」と，改良済延長を実道路延長で除した「改良率」を作成し，散布図（図3.8(b)）を作成し，相関係数を算出する。

⑦ 41 〜 57 行に新たに表を作成する。ここに，A19 〜 C35 に作成した変数のデータを複写する。

⑧ D43 に「=I3/E3」と入力，E43 に「=H3/F3*1000」と入力，F43 に「=G3/F3」と入力し，それを複写する。

⑨「万人あたり死者数」と四つのデータについて，散布図を作成する。

⑩ 関数により相関係数を算出する。C59 に「=CORREL($B43:$B57,C43:C57)」と入力し，D59 〜 F59 に複写する（**図3.9**）。

自動車保有に関する 2 変数は，万人あたり死者数と高い相関があることがわかった。死者数と平均幅員については−0.634 と，やや高い負の相関が得られた。ただし，図3.8(b) の散布図をみると，右下に外れている点があり，相

⑦ ⑧ ⑩

	A	B	C	D	E	F
40						
41	都道府県	万人あたり死者数	人あたり台数	免許保有人あたり自動車台数	平均幅員	改良率
42		[人/万人]	[台/人]	[台/人]	[m]	[%]
43	北海道	0.390	0.635	1.038	8.547	72%
44	青森県	0.481	0.698	1.110	6.334	61%
45	福島県	0.552	0.746	1.144	5.725	59%
46	茨城県	0.690	0.796	1.161	4.945	40%
47	埼玉県	0.275	0.516	0.817	5.894	52%
48	神奈川県	0.201	0.405	0.666	12.829	64%
49	新潟県	0.531	0.736	1.108	7.696	66%
50	石川県	0.547	0.725	1.110	7.136	74%
51	岐阜県	0.639	0.774	1.140	5.796	57%
52	滋賀県	0.553	0.666	1.005	6.694	59%
53	和歌山県	0.519	0.711	1.035	4.966	45%
54	島根県	0.432	0.736	1.138	5.318	55%
55	佐賀県	0.682	0.735	1.108	6.330	70%
56	大分県	0.543	0.720	1.105	6.201	63%
57	鹿児島県	0.551	0.738	1.116	6.340	69%
58						
59	相関係数		0.901	0.837	−0.634	−0.089

図 3.9　関数「CORREL」を用いた相関係数の計算シート

関が高くなった可能性がある。47 都道府県で散布図を描き，これを外れ値とするか，検討することになるだろう。

3.2　分　散　分　析

3.2.1　分散分析の基本的な考え方

異なる二つの群の平均の差を検定するには，z 検定や t 検定と呼ばれる方法を用いる†。2 群間の比較は，例えば天気が「晴／曇」と「雨」の日のタクシー利用者数の差を比較するように，一対の関係のため理解しやすい。では，「晴／曇」，「小雨」，「大雨」のように，雨の状況を細分化して群が三つ以上となった場合，どのような方法で平均の差を比較すればよいだろうか。

一つの方法として，群の全組合せについて t 検定を実施することが考えられる。「晴／曇と小雨」，「晴／曇と大雨」，「小雨と大雨」の各組合せについて t 検定を実施するのである。その結果，少なくとも一つの組合せで帰無仮説が棄却されたならば（つまり，平均の差があると判断されれば），「すべての群の平均は等しい，とはいえない」と結論付けることができる。しかし，そもそもこ

† t 検定，z 検定については轟ほか著：土木・交通工学のための統計学，コロナ社（2015）を参照のこと。

の方法は理論的に誤りである。各群間の検定を繰り返すと第一種過誤率[†1]が大きくなり，有意差が出る可能性が高くなってしまうためである[†2]。さらに，群の数をMとすると，検定されるべき組合せの数は$M\times(M-1)/2$となり[†3]，多くの労力を必要とするため効率的とはいえない。

そこで，3群以上の場合には，各群の平均値に影響を与える「分散」の大きさの違いにより検定を実施する方法がとられる。この方法を**分散分析**（analysis of variance, **ANOVA**）という。分散分析では，有意差が認められた場合（どこかの群間で平均の差が存在すると認められた場合），どの群間に有意差が存在するか特定することができない。そのため，分散分析により有意差が認められた場合には**多重比較**（multiple comparison）[†4]と呼ばれる方法により，どの群間で平均の差が認められるか確認する方法がとられることが一般的である。

3.2.2 分散分析の種類

分散分析では，群が「晴／曇」，「小雨」，「大雨」のように要因別に分けられており，群間で有意差が認められれば，群を示す要因が平均値の差（データの変動）に影響を与えた要因として特定される。要因の数により分析の呼称は以下のように異なる。

〔1〕 **一元配置分散分析（1要因）** 　例えば，天気（晴／曇，小雨，大雨）により1日あたりのタクシー利用者数が異なると仮定する場合，天気が群を識別する唯一の要因（1要因）となる。このように，群を識別する要因が一つのときのデータを一元配置データといい，その一元配置データを用いた分散分析を**一元配置分散分析**（one-way ANOVA）という。

---

† 1　轟ほか：土木・交通工学のための統計学，コロナ社（2015）5章「仮説検定」参照。
† 2　3群の全組合せについて有意水準5％でt検定を実施する場合を考える。このとき，全組合せとしては有意水準が14％になって有意差が出やすい検定をしていることになる。各組合せについて有意差が出ない確率は$(1-0.05)$でよいのだが，三つの全組合せすべてにおいて有意差が出ない確率は$(1-0.05)^3=0.86$となり，逆に有意差が出る確率は$1-(1-0.05)^3=0.14$となるためである。
† 3　実際には少なくとも一つの組合せで帰無仮説が棄却された時点で3群間の平均には差があると認められるため，必ずしも全組合せのt検定を実施する必要はない。
† 4　一対の群間の平均値を検定する際に有意水準を上げずに（第一種過誤率を保ったまま）仮説検定を実施する方法のことである。

なお，一元配置では，「**対応のある**」場合と「**対応のない**」場合のデータに区別される。「対応のある」とは，同じタクシー業者に対して繰り返しデータを採った場合を指す。「対応のない」とは**表3.2**に示すように，異なるタクシー業者に対してデータを採った場合を指し

表3.2 一元配置データの例（1日あたりタクシー利用者数）

	天　気		
	晴／曇	小雨	大雨
タクシー A	31.4	34.1	35.2
タクシー B	30.1	34.9	34.8
タクシー C	30.9	33.7	36.1
平　均	30.8	34.2	35.4

ている。本書では，対応のない場合の一元配置分散分析を解説する。

〔2〕　**二元配置分散分析（2要因）**　　上記の一元配置データに午前，午後という「時間帯」の要素を加えて，タクシーの利用者数を二つの要因（天気と時間帯）で識別する。このようなデータを二元配置データといい，そのデータを用いた分散分析を**二元配置分散分析**（two-way ANOVA）という。

二元配置法には「**繰返しのある**」場合と「**繰返しのない**」場合が区別されている。「繰返しのある」とは，簡単には複数回データを集めることである。例えば，**表3.3**（a）ではタクシー利用者数を3日間収集しているため，繰返しのあるデータとして扱われる。一方で，表（b）は1日目でデータ収集を終えているため，繰返しのないデータとなる。

二元配置分散分析では，「天気」，「時間帯」の2要因により「タクシーの利用者数に違いは出るのか」という分析を行う。さらに二元配置分散分析では，

表3.3　二元配置データ

（a）　繰返しのある二元配置データ

時間帯	調査日	晴／曇	小雨	大雨
		天　気		
午前	1日目	28.1	32.5	34.5
	2日目	29.1	33.1	34.1
	3日目	28.5	33.4	35.2
午後	1日目	33.2	35.5	37.1
	2日目	32.4	35.2	36.7
	3日目	32.9	34.5	38.1

（b）　繰返しのない二元配置データ

時間帯	調査日	晴／曇	小雨	大雨
		天　気		
午前	1日目	28.1	32.5	34.5
午後	1日目	33.2	35.5	37.1

「2要因による相乗効果はあるのか」という分析まで可能となる。これは2要因の「交互作用」を分析することにより可能であり，二元配置分散分析の主目的の一つとなる。詳細は後述する。

〔3〕 **多元配置分散分析（3要因以上）**　　**多元配置分散分析**（multi-way ANOVA，または factorial ANOVA）は，3要因以上からなる多元配置データを用いた分散分析である。なお，本書では多元配置分散分析は取り扱わない。

3.2.3 データの変動と分離

分散分析では，データが変動する性質を用いて，群間の平均値の差を検定する。「データ全体の変動」は，天気や時間帯のように分析で考慮している「要因効果による変動」と，分析では考慮していない「誤差効果による変動」に分けることができる。

① **データ全体の変動**は「各値と総平均の差」と定義され，**総変動**（total variation）と呼ばれる。例えば，**図3.10**の「晴／曇」の1日目については，-2.1（$=31.4-33.5$）が総変動となる。

② **要因効果による変動**は「各群の平均と総平均の差」と定義され，**群間変動**と呼ばれる。例えば，「晴／曇」については，群平均が30.8で総平均が33.5であるため，-2.7（$=30.8-33.5$）が群間変動となる。

③ **誤差効果による変動**は「各値と各平均の差」と定義され，**群内変動**と呼ばれる。例えば，「晴／曇」の1日目については，0.6（$=31.4-30.8$）が群内変動となる。

調査週	天　気			
	晴／曇	小雨	大雨	
1日目	31.4	34.1	35.2	
2日目	30.1	34.9	34.8	
3日目	30.9	33.7	36.1	総平均
平均	30.8	34.2	35.4	33.5

天気による変動

図3.10　天気とタクシー利用者数の関係

　タクシー利用者数に影響を与える要因は天気以外にも存在すると考えられる。そのため，検定の対象となるタクシー利用者数のデータには，今回の分析では考慮していない要因以外の影響も含まれることが見込まれる。これを誤差効果による変動（群内変動）と呼ぶ。

　分散分析では，**要因効果と誤差効果の間に差があるか否か**で検定を実施するため，これらの変動を分離する必要がある。この分離方法については，次項で例題を解きながら説明する。

3.2.4　仮 説 検 定

「タクシー利用者数」と「天気」の関係について，一元配置分散分析を実施する。帰無仮説と対立仮説は以下のように設定される。

> **帰無仮説（H_0）：要因効果（天気）と誤差効果（調査日）との間に差がない。**
>   各群の母平均に差が存在しないため，各群は同じ母集団に由来する。つまり，要因効果は認められない。
>
> **対立仮説（H_1）：要因効果（天気）と誤差効果（調査日）との間に差がある。**
>   各群の母平均に差が存在するため，各群は異なる母集団に由来する。つまり，要因効果は認められる。

　分散分析では，偏差を用いることにより総変動を要因変動（天気）と誤差変動（天気以外の要因）に分離する。図3.10で示したデータについて，総変動，群間変動，群内変動を算出すると，**図3.11**のようになる。

　群間変動と群内変動は「偏差」として表現されており，$(x_i - \overline{x})$のような状態となっている。例えば，群間変動をみると，「晴／曇」のタクシー利用者数は総平均から2.7人少ないことがわかる。また，群内変動をみると，調査日

① 総変動（各値−総平均）

晴／曇	小雨	大雨
−2.1	0.6	1.7
−3.4	1.4	1.3
−2.6	0.2	2.6

=

② 群間変動（群値−総平均）

晴／曇	小雨	大雨
−2.7	0.8	1.9
−2.7	0.8	1.9
−2.7	0.8	1.9

+

③ 群内変動（各値−群平均）

晴／曇	小雨	大雨
0.6	−0.1	−0.2
−0.7	0.7	−0.6
0.1	−0.5	0.7

図3.11　変動（偏差）の計算結果

によりタクシー利用者数が異なることが見て取れる。

　群間の平均値の差を分析するには，**図3.12**で求めた偏差を用いて検定を実施すればよいと考えられるが，偏差を用いると正負が相殺されてしまう。そのため，偏差平方和を自由度 $n-1$ で除した不偏分散 $\sum (x_i - \overline{x})^2 / n - 1$ を用いて検定を実施する。

① 総変動の偏差平方

晴／曇	小雨	大雨
4.3	0.4	3.0
11.3	2.1	1.8
6.6	0.1	6.9

偏差平方和：36.4
自由度：8（＝9-1）
不偏分散：4.6（＝36.4/8）

②群間変動の偏差平方

晴／曇	小雨	大雨
7.1	0.6	3.6
7.1	0.6	3.6
7.1	0.6	3.6

偏差平方和：33.9
自由度：2（＝3-1）
不偏分散：16.96（＝33.9/2）

③ 群内変動の偏差平方

晴／曇	小雨	大雨
0.4	0.0	0.0
0.5	0.4	0.3
0.0	0.3	0.5

偏差平方和：2.5
自由度：6（＝9-3）
不偏分散：0.42（＝2.5/6）

図3.12　各変動の分散

　図3.11の各値を二乗すると図3.12に示すように偏差平方となり，それらの和を取ると分散の分子である偏差平方和を算出することができる。それを自由度 $n-1$ で除することにより，図3.12に示すように各変動の分散が得られる。

　各変動の分散を求めたため，検定の下準備は整ったことになる。分散を用いた検定は F 検定を用いる[†1]。検定統計量（F 値）は次式により求められる。

$$F 値 = \frac{要因効果による分散(群間変動)}{誤差効果による分散(群内変動)} \tag{3.5}$$

　式 (3.5) に従うと，F 値は 40.82（＝16.96/0.42）となる。F 検定では，**図3.13**に示すような臨界値 F_α を有意水準に従って設定し，$F < F_\alpha$ のとき帰無仮説は**採択**（accept）され，$F > F_\alpha$ のとき帰無仮説は**棄却**（reject）されることとなる。臨界値は F 分布表から求める。例えば，有意水準5％（上側確率）で分母（群内変動）の自由度が6，分子（群間変動）の自由度が2であるため，臨界値は5.14となる[†2]。

---

†1　轟ほか著：土木・交通工学のための統計学，コロナ社（2015）参照。
†2　分子は表頭，分母は表側を見る。

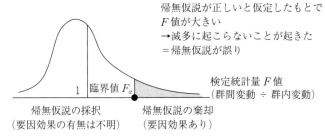

図3.13　F検定における仮説検定

今回の場合，5.14（臨界値）＜40.82（検定統計量）となるため，帰無仮説は棄却され対立仮説が採択される。その結果として，天気はタクシー利用者数に影響を与えると結論付けることができる。

3.2.5　Excelによる分散分析の実践（一元配置）

これまでに説明した分散分析はExcelにより実施することができる。引き続き，前項のタクシー利用者数の分析を例として，Excelによる分散分析を実践する。手順は以下のとおりである。

1）［データ］タブから［データ分析］を選択してデータ分析ダイアログボックスを表示させる。そこから［分散分析：一元配置］を選択し，OKをクリックすると図3.14のように入力値の設定に関するダイヤログボックスが表示される。

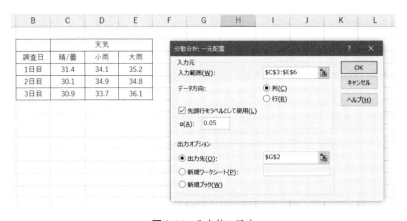

図3.14　入力値の設定

2） 入力値の設定に関するダイヤログボックスで，以下の引数を選択する（図3.14参照）。

① ［入力範囲］に分析対象のデータ範囲を選択する。

② ［α］に有意水準を入力する。ここでは5％としたため，0.05と入力する。

③ ［出力オプション］で結果の出力先を指定する。ここでは，G2セルとした。

以上の手順を踏み，「OK」ボタンをクリックすると，**図3.15**に示すような出力結果を得ることができる。一連の手順において帰無仮説と対立仮説に関する設定がなかったと思われる読者もいることだろう。これは，Excelによる分散分析では，デフォルトとして各群の平均が等しい（差がない）ことを帰無仮説としているためである。

分散分析表						
変動要因	変動	自由度	分散	観測された分散比	P-値	F 境界値
グループ間	33.9	2	16.96333	40.82085561	0.000321	5.143253
グループ内	2.5	6	0.415556			
合計	36.42	8				

図3.15　一元配置分散分析の出力画面

図3.15に示す結果について見ていく。Excelで「グループ」と表現されている項目は「群」に相当する。検定統計量については，Excelでは「観測された分散比」として表現されている。「F境界値（臨界値）＜観測された分散比（検定統計量）」であるため，帰無仮説が棄却されることがわかる。つまり，天気によりタクシーの利用者数に差が出ると言えることが示された。

3.2.6　Excelによる分散分析の実践（二元配置）

つぎに，二元配置分散分析を実践する。前節までの一元配置問題では，天気の要因のみ考慮していた。二元配置問題では，タクシー利用者数に影響を与える要因として，表3.3（a）のように天気に加えて「時間帯」の要因も考慮することとする。3.2.2項で説明したように，今回は3日間の繰返し調査が実施されたため，「繰返しのあるデータ」である。そこで，Excelの［データ分析］機能から［分散分析：繰返しのある二元配置］を選択し，**図3.16**のように引

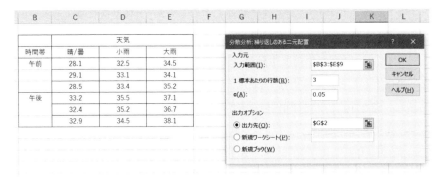

図 3.16　入力値の設定

分散分析表

変動要因	変動	自由度	分散	観測された分散比	P-値	F 境界値
標本	40.80056	1	40.80056	142.3275194	5.16E-08	4.747225
列	84.69444	2	42.34722	147.7228682	3.54E-09	3.885294
交互作用	3.847778	2	1.923889	6.71124031	0.011061	3.885294
繰り返し誤差	3.44	12	0.286667			
合計	132.7828	17				

図 3.17　二元配置分散分析の出力画面

数を入力する。

　Excel の画面に図 3.17 に示すような結果が出力される。［分散分析表］の
「標本」は時間帯による効果，「列」は天気による効果，「交互作用」は両者に
よる効果を示している。分析結果より，全効果の検定統計量（Excel の画面で
は「観測された分散比」）が臨界値（F 境界値）を上回っているため，帰無仮
説は棄却され，天気，時間帯，両効果に
よりタクシーの利用者数は変化するとい
えることがわかった。

　図 3.18 は天気別時間帯別のタクシー
利用者数を示している。今回は交互作用
が認められるため，両折れ線グラフは平
行ではない状態にあるといえる。しかし
ながら，「小雨と大雨」における「午前

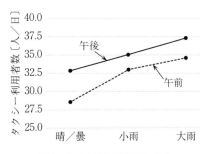

図 3.18　天気と時間帯による
タクシー利用者数の変化

と午後」の傾きの程度はある程度類似しているため，（統計的に交互作用の存在は認められたものの）その差はそれほど大きくないことが考えらえる。

図3.18により交互作用と主効果（天気，時間帯による効果）の有無や特徴を可視化することができたが，ほかにもさまざまな特徴をもつ図を得ることができる。**図3.19**に交互作用がない場合の図（a）とある場合の図（b）で分けて主効果と交互作用のパターンを図示する。

交互作用が認められない場合，図は平行となる。一方で，交互作用が認められる場合には図は平行にならない。

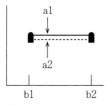

① Aの主効果もBの主効果もない。交互作用もない。

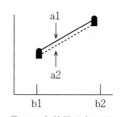

② Bの主効果はあるが，Aの主効果はない。交互作用はない。

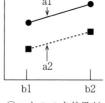

③ AとBの主効果がともにあるが，交互作用はない。

（a）　交互作用がない場合

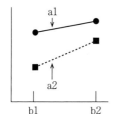

④ AもBも主効果はあるが，グラフが平行ではないので，交互作用はない。

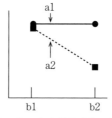

⑤ AもBも主効果はあるが，a1ではBの効果がなく，a2においてBの効果がある。したがって交互作用もある。

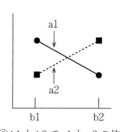

⑥ b1とb2でa1とa2の位置が逆になっている交差型パターン。AもBも主効果はないが，交差していることから交互作用がある。

（b）　交互作用がある場合

図3.19　主効果と交互作用のパターン

3.2.7 多 重 比 較

これまでに，晴／曇，小雨，大雨時の3群のタクシー利用者数を対象に分散分析を実施した結果，有意差が認められた。つぎの興味としては，「どの群間で有意差があるか」ということであろう。これを調べるには，全群の組合せについてt検定を実施すればよい。この方法を**多重比較**（multiple comparison）という[†1]。しかし3.2.1項で述べたように，3群の全組合せについてt検定（例えば，有意水準5%）を実施した場合，有意差が出る確率は$1-(1-0.05)^3 = 0.14$となり，本来は群間で差がないのにもかかわらず差があると判定されることがある[†2]。そのため，多重比較では「検定回数に応じて有意水準を厳しくする」などの対応が取られる。多重比較の方法は以下の三つに大別される。

① 分布調整型　　② 統計量調整型　　③ 有意水準調整型

① の分布調整型は，手法が豊富で適用事例も比較的多いことから，最も知られた多重比較法である。分布調整型では，2群間の検定で用いられるt分布などの確率分布について，検定を繰り返しても棄却されにくくするように分布を調整する手法となる。② の統計量調整型は，統計量そのものを調整する方法で，Scheffe の方法がよく知られている。③ の有意水準調整型は，有意水準を調整するもので，多重比較の中でも比較的簡便な方法として位置付けられておりBonferroni の方法が有名である。本書では，① の分布調整型により3群間の多重比較を実践することとする。

多重性を考慮した分布にはさまざまな分布形が用いられるが，ここでは**Tukey–Kramer の方法**（Tukey–Kramer's method）の**スチューデント化された範囲**（studentized range）の**q分布**（q distribution）を用いる。群1，2間の検定に用いる検定統計量$q_{\overline{x}_1-\overline{x}_2}$は次式のように定義される。

$$q_{\overline{x}_1-\overline{x}_2} = \frac{\overline{x}_1 - \overline{x}_2}{\sqrt{\hat{\sigma}_e^2\left(\dfrac{1}{n_1} + \dfrac{1}{n_2}\right)}} \tag{3.6}$$

[†1] 通常，多重比較は「エクセル統計」などのソフトウェアを用いて分析する。

[†2] つまり，帰無仮説が設定した有意水準よりも簡単に棄却されてしまう状況となる。

$\overline{x}_1$, $\overline{x}_2$はそれぞれ1群，2群の平均であり，$\hat{\sigma}_e^2$は3群の平均の不偏分散である不偏誤差分散を示している。3.2.4項および3.2.5項で実践したタクシー利用者数と天気に関する一元配置データを用いて，「晴／曇」の群（1群とする）と「小雨」の群（2群とする）について検定統計量を算出すると，次式のように求められる。

$$q_{\overline{x}_1-\overline{x}_2} = \frac{30.80-34.23}{\sqrt{0.42\left(\frac{1}{3}+\frac{1}{3}\right)}} = -6.52 \tag{3.7}$$

この検定統計量の絶対値を各群間について算出すると，**表3.4**のように求められる。これらの検定統計量を付録のq分布表のq値（臨界値$q_{\alpha,k,\nu}$）と比較して仮説検定を行う。

表3.4 Tukey-Kramerの方法による検定統計量（q値）

	小雨	大雨
晴／曇	6.52*	8.68*
小雨		2.15

臨界値$q_{\alpha,k,\nu}$は，有意水準$\alpha^{\dagger}$，群数k，誤差自由度νの情報により決定される。Tukey-Kramerの方法における誤差自由度νはつぎの式を用いて計算される。

$$\nu = nk - k \tag{3.8}$$

サンプルサイズnと群数kがそれぞれ3であるため，誤差自由度νは6と求められる。有意水準αを0.05とすると，誤差自由度νが6のときの臨界値$q_{0.05,3,6}$は巻末付表5のq分布表より3.07（$=4.339/\sqrt{2}$）となることがわかる。

表3.4を見てみると，有意水準5％で統計的に有意差があるのは「晴／曇・小雨」と「晴／曇・大雨」の群間であることがわかる。分散分析では「天気によりタクシー利用者数は異なる」との結論を得られたが，多重比較を実施することによりタクシー利用者数に差が出るのは「雨が降るか降らないか」という結論を導き出すことができる。

---

† q分布はF分布に近似できるため，片側の確率のみを取扱うこととなる。

3.3 ピボットテーブルを用いたクロス集計表の作成

3.3.1 クロス集計表の統計手法

二つの質的データの分析は，クロス集計表により分布を確認するところから始まる（これは量的データどうしの分析において，散布図を確認することに相当する）。本節では，Excel を用いてクロス集計表を作成する方法を説明する。さらに，クロス集計表の応用として，独立性の検定を行う。

3.3.2 例　　題

ここでは，防災意識アンケートの事例を用いて解説しよう。ある中学校を会場に実施された地域防災訓練に参加した住民・生徒・教師を対象に，防災意識について調査した。設問は，個人属性としての性別・年齢と，防災の備え，そして復興支援活動への参加経験についてである。

大規模災害の発災直後は，住民各自による自助と共助の活動が重要と言われている。しかし同じ防災の活動でも，自助は自らを守ることで，共助は人を助けることである。自助の意識と共助の意識は異なる（つまり独立である）可能性もある。そこで，自助意識と共助意識についてアンケート調査し，クロス集計表と独立性の検定から検証する。

自助意識は，防災の備えとして一般的な「非常用持出袋の準備（以下，持出袋とする）」と「家具等の転倒防止（以下，転倒防止とする）」の 2 点について，その有無を問うことにした。また共助意識は，「復興支援活動への参加経験（以下，支援経験とする）」の設問を用意した。このアンケート調査から，**表 3.5** のとおり，男女同数の 15 人，10 代から 80 代までの幅広い年齢層の 30 人から回答を得た。これをもとに Excel でクロス集計表を作成しよう。

〔1〕 ピボットテーブルの作成

① 表 3.5 のデータを入力する。このとき，各列の最上段（A2 〜 F2）の見出し（これを Excel では「フィールド名」と呼ぶ）は 1 行におさめ，空欄を作らないようにする（**図 3.20**）。

② A2 〜 F32 を選択し，メニューの「挿入」から「ピボットテーブル」を選

表3.5　防災意識アンケートの結果

ID	性別	年代	防災の備え		復興支援活動の参加経験	ID	性別	年代	防災の備え		復興支援活動の参加経験
			非常用持出袋の準備	家具等の転倒防止					非常用持出袋の準備	家具等の転倒防止	
1	女	52	あり	あり	あり	16	男	13	なし	なし	なし
2	女	13	なし	なし	なし	17	男	45	あり	あり	あり
3	女	28	なし	なし	あり	18	女	32	なし	なし	あり
4	男	13	なし	なし	なし	19	男	69	なし	なし	なし
5	女	14	なし	なし	なし	20	女	81	なし	なし	なし
6	女	68	あり	あり	あり	21	女	75	あり	あり	なし
7	女	14	あり	あり	なし	22	男	48	なし	なし	なし
8	男	13	あり	なし	なし	23	女	14	あり	あり	なし
9	男	67	あり	あり	あり	24	女	73	あり	あり	あり
10	女	14	なし	なし	なし	25	男	61	なし	あり	あり
11	女	13	あり	あり	なし	26	男	12	なし	なし	なし
12	男	76	なし	なし	なし	27	男	52	なし	あり	あり
13	女	60	あり	あり	あり	28	男	50	なし	あり	なし
14	女	50	あり	あり	あり	29	男	71	なし	あり	なし
15	男	66	なし	なし	なし	30	男	75	あり	あり	あり

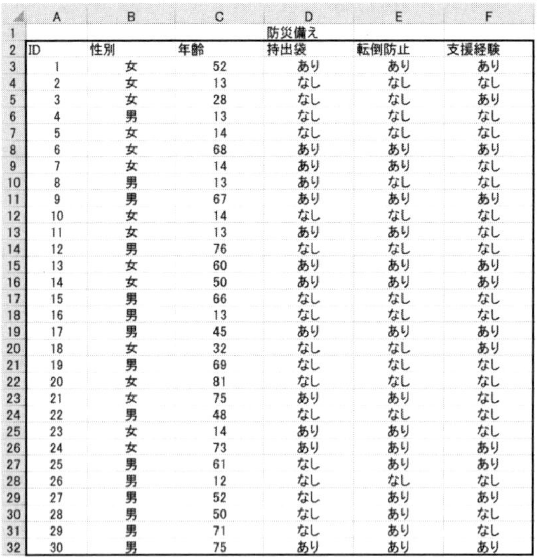

図3.20　入力されたデータ

図3.21　ピボットデーブルビルダー

択すると，新規のワークシートが作成され，ピボットテーブルビルダーが表示
される（**図3.21**）。

　③ ピボットテーブルビルダーにおけるフィールド名の「ID」をドラッグし，
「Σ値」にドロップする。ドロップした「ID」を右クリックし，サブメニューから
フィールドの設定をクリックする。集計の方法から「データの個数」を選択し，
A4 セルに個票の数（ここでは30）が表示されていることを確認する。

　〔2〕　グループ化による質的データへの変換　　量的データである年齢を，
クロス集計が可能な質的データに変換しておこう（**図3.22**）。

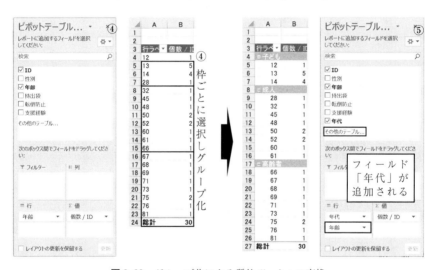

図3.22　グループ化による質的データへの変換

　④ 回答者の年齢の分布を確認する。ピボットテーブルビルダーにおける
フィールド名の「年齢」を，行にドロップする。10代と65才以上の高齢者の
参加者が比較的多いことから，ここでは15才未満を子ども，15〜64才を成
人，65才以上を高齢者とし，3階層でグループ化する。

　⑤ ピボットテーブルの行ラベルにおけるA5〜A7を選択し右クリックメ
ニューからグループ化を選択する。これによりグループ1ができるのでA5に
「子ども」と入力する。他の年代も同様にグループ化し「成人」,「高齢者」と入

力する。これより子ども 10 人, 成人 10 人, 高齢者 10 人のサンプルが得られる。
最後に, グループ化によりできた新しいフィールド名について, 右クリックメ
ニューからフィールドの設定を選択しフィールド名を「年代」に変更する。

〔3〕　**クロス集計表の作成**　　「防災の備え」の 2 変数からクロス集計表を
作成してみよう（**図3.23**）。

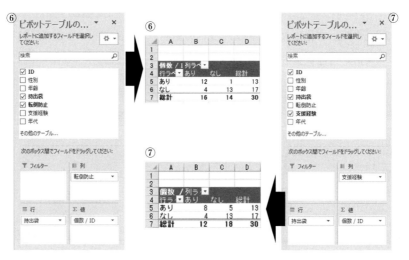

図3.23　クロス集計表の作成例

⑥ まず, ピボットテーブルビルダーのフィールド名にあるチェックボック
スの「ID」以外の項目のチェックをはずす。つぎにフィールド名から「持出
袋」を行に,「転倒防止」を列にドロップする。これをピボットテーブルの表
の下（ここでは 31 ～ 35 行）に複写する。

つぎに,「防災の備え」と「支援活動への参加経験」のクロス集計表を作成
してみよう。

⑦「持出袋」と「支援経験」の 2 変数について, クロス集計表を作成する。
ピボットテーブルビルダーを用いて, 列の「転倒防止」を欄外にドロップし,
代わりに「支援経験」をドロップする。これも 31 ～ 35 行に複写する。

⑧ 同様に,「転倒防止」と「支援経験」の 2 変数についても, クロス集計表

を作成し，31 〜 35 行に複写する。

ここでクロス集計表のうち ⑥ について，グラフ化してみる。図 3.24 の左図から，持出袋を備えている人は転倒防止している人が多く，逆に持出袋を備えていない人は転倒防止もしていない人が多いことから，2 変数が関係しているようにみえる。また，⑦ の組合せも同様の傾向がみえる。

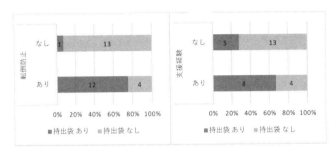

図 3.24 クロス集計表のグラフ

〔4〕 **独立性の検定**　検定により，「防災の備え」の 2 変数に関係があるか，「防災の備え」と「支援活動への参加経験」には関係があるか検定する（図 3.25）。まず期待度数を算出し，χ^2 検定の適用条件である「1 未満の期待度数がないか」，「5 未満となる期待度数が全体の 20 % 以下か」を確認する。

⑨ 期待度数表を作成する。C39 に「=$E$35*($E33/$E$35)*(C$35/$E$35)」と入力し複写する。同じく I39 に「=$K$35*($K33/$K$35)*(I$35/$K$35)」と入力して複写する。O39 に「=$Q$35*($Q33/$Q$35)*(O$35/$Q$35)」と入力して複写する。

図 3.25 独立性の検定

⑩ 実測度数と期待度数の表から，Excel の χ^2 検定の関数によりを用いて p 値を求める[†1]。C43 に「=CHISQ.TEST（C33:D34,C39:D40）」と入力する。I43 と O43 も同様に p 値を求める。

⑪ クロス集計表が 2 行 × 2 列であるため，イェーツの補正（Yate's continuity correction）による χ^2 検定を用いる。C45 に「=（E35*（ABS（C33*D34-D33*C34）-E35/2）^2）/（E33*E34*C35*D35）」と入力し，C46 に「=CHISQ.DIST.RT（C45,1）」と入力する。これより p 値 0.000 7 を得る。

⑫ 同様に，他の 2 変数についてもイェーツの補正による χ^2 検定の p 値を算出する。

「防災の備え」の 2 変数について p 値は 0.000 7 であった。つまり，2 変数が独立しているとする帰無仮説が，有意水準 1 ％以下で棄却される。よって，2 変数は関係があると言える。一方で，「転倒防止」と「支援経験」の p 値は 5 ％以下である。防災意識の 2 変数ほどではないが，ある程度の関係がある。最後に，クロス集計表では関係があるように見えた「持出袋」と「支援経験」の p 値は 5 ％以上であり，関係があるとは言えない。

演 習 問 題

【1】 3.1 節で事例とした事故死亡者数の相関分析について，表 3.1 の 15 道県に**表 3.6** の 32 都府県のデータを追加し，分析を実施することとした。

（1） 表 3.1 に表 3.6 のデータを追加し，3.1.4〔4〕を参考に，万人あたり死者数，人あたり台数，免許保有 1 人あたり自動車台数，平均幅員，改良率の各指標を求めなさい。

（2） 人あたり台数，免許保有 1 人あたり自動車台数，平均幅員，改良率の 4 指標について，万人あたり死者数との散布図を描き，相関係数を求めなさい。

【2】 ある市では，中学生の交通安全対策強化を目的として効果的な交通安全教室を模索している。今年度，市内の五つの中学校で実験的に「交通安全教室（座学）」，「交通安全教室（実技）」，「スケアード・ストレイト[†2] による交通安全教室（SS）」を実施した。五つの各中学校で 4 グループを編成し，各交通安全教室実施後に交通

---

† 1　2 行 × 2 列のクロス集計表では，イェーツの補正による χ^2 検定を使うことが望ましい。ここでは，Excel による独立性の検定の方法を紹介する意味で，通常の χ^2 検定も実施した。

表 3.6　交通事故・自動車保有・道路整備に関するデータ（追加分）

都府県名	事故死者数〔人〕	人口〔千人〕	面積〔km²〕	免許保有者数〔千人〕	実延長〔km〕	改良済延長〔km〕	道路面積〔km²〕	自動車台数〔千台〕
岩手	67	1 330	15 279	842	33 199.8	20 650.3	195.42	952
宮城	80	2 348	6 862	1 503	21 282.6	14 408.3	159.82	1 507
秋田	60	1 086	11 636	693	23 799.1	16 254.8	143.00	795
山形	51	1 169	6 652	779	16 547.6	11 699.2	115.92	893
栃木	146	2 008	6 408	1 387	25 060.1	17 191.2	158.01	1 575
群馬	94	2 008	6 363	1 403	34 939.9	17 539.8	181.56	1 664
千葉	184	6 216	5 082	3 934	36 864.1	22 118.5	235.98	3 313
東京	215	13 159	2 103	7 460	24 065.5	17 495.6	172.35	4 005
富山	58	1 093	2 046	743	13 805.6	10 754.6	97.71	855
福井	42	806	4 190	538	10 801.0	7 722.7	73.23	627
山梨	49	863	4 201	595	11 161.5	6 808.5	61.99	697
長野	110	2 152	13 105	1 483	47 927.2	23 963.6	233.27	1 784
静岡	165	3 765	7 329	2 559	24 918.7	14 178.7	211.03	2 681
愛知	197	7 411	5 116	4 922	43 502.3	27 667.5	324.97	4 750
三重	135	1 855	5 762	1 257	25 061.5	12 981.9	136.74	1 409
京都	96	2 636	4 613	1 586	11 867.1	6 693.0	93.23	1 270
大阪	201	8 865	1 898	5 042	13 396.2	9 913.2	151.88	3 491
兵庫	192	5 588	8 396	3 438	30 298.2	18 784.9	225.24	2 794
奈良	45	1 401	3 691	907	12 595.9	5 882.3	66.48	796
和歌山	52	1 002	4 726	688	13 469.2	6 034.2	66.89	712
鳥取	42	589	3 507	384	8 790.8	6 118.4	56.85	443
岡山	109	1 945	7 010	1 287	25 482.8	11 926.0	163.21	1 432
広島	127	2 861	8 479	1 846	24 353.7	13 613.7	171.45	1 759
山口	96	1 451	6 114	938	16 496.1	9 947.1	107.48	1 022
徳島	44	785	4 147	534	15 050.4	6 878.0	72.88	590
香川	65	996	1 862	678	10 243.3	6 586.4	64.72	729
愛媛	64	1 431	5 678	939	18 152.0	9 529.8	103.13	962
高知	52	764	7 105	498	13 917.2	6 332.3	73.09	533
福岡	170	5 072	4 845	3 191	29 079.3	18 930.6	232.58	3 040
長崎	52	1 427	4 105	860	17 976.4	9 060.1	99.02	875
熊本	78	1 817	7 077	1 189	25 825.7	14 824.0	150.89	1 271
宮崎	51	1 135	6 346	767	19 992.6	10 856.0	117.81	876
沖縄	47	1 393	2 276	881	8 029.2	5 548.2	62.59	911

安全に関する試験を行った。「交通安全教室をやらない（なし）」場合を含め，試験結果は**表3.7**のように得られた。

（1）　交通安全教室により試験結果に差が出るといえるか。有意水準5％で検討

---

†2　実際に恐怖を体験させ，それにつながる行為を防ぐ教育手法のことである。交通安全分野では，スタントマンにより交通事故状況を再現し，それを直視させることにより交通安全に対する意識の向上を図る。

表3.7 各中学校における交通安全教室別試験結果

対象中学校	交通安全教室			
	なし	座学のみ	実技のみ	SS
中学校 A	52.8	66.9	80.3	83.1
中学校 B	59.4	65.8	81.6	88.8
中学校 C	54.3	63.3	80.2	90.1
中学校 D	43.5	62.4	75.2	73.3
中学校 E	49.3	57.2	78.7	82.4
平均	51.9	63.1	79.2	83.5

せよ。

（2） Tukey-Kramer のスチューデント化された範囲の q 分布を用いて多重比較を実施せよ。有意水準は5％とする。

【3】 3.3節において，事例にあげた防災意識のアンケート調査について，追加して20名の調査票が回収された。そこで表3.5に下記の**表3.8**のデータを加えるものとし，年代別のクロス集計を実施することにした。

（1） 表3.5に表3.8のデータを追加し，15才未満を子ども，15〜64才を成人，65才以上を高齢者として，それぞれの年代の人数を求めなさい。

（2） 非常用持出袋の準備，家具等の転倒防止，復興支援活動の参加経験の3点について，年代と有意な関係があるか，χ^2 検定により検定せよ。有意水準は5％とする。

表3.8 防災意識アンケートの結果（追加分）

ID	性別	年代	非常用持出袋の準備	家具等の転倒防止	復興支援活動の参加経験	ID	性別	年代	非常用持出袋の準備	家具等の転倒防止	復興支援活動の参加経験
101	女	52	あり	あり	あり	111	女	13	あり	あり	なし
102	女	13	なし	なし	なし	112	男	76	なし	なし	なし
103	女	28	なし	なし	なし	113	女	60	あり	あり	あり
104	男	13	なし	なし	なし	114	女	50	あり	あり	あり
105	女	14	なし	なし	なし	115	男	66	あり	なし	あり
106	女	68	あり	あり	あり	116	男	13	なし	なし	あり
107	女	14	あり	あり	あり	117	男	45	あり	あり	なし
108	男	13	あり	なし	なし	118	女	32	なし	あり	なし
109	男	67	あり	あり	あり	119	男	69	あり	なし	なし
110	女	14	あり	なし	なし	120	女	81	なし	なし	なし

コラム：相関係数の目安

　相関係数の値から相関の有無や程度をどう解釈したらよいのだろうか。例えば，以下のような目安を示しているものがある（文献3）参照）。

$|r| = 0.7 \sim 1$　　かなり強い相関がある

$|r| = 0.4 \sim 0.7$　　やや相関あり

$|r| = 0.2 \sim 0.4$　　弱い相関あり

$|r| = 0 \sim 0.2$　　ほとんど相関なし

こうした目安はいくつか存在するが，その根拠は乏しいことから，「無相関の検定」が用いられる。母集団が正規分布に従うとき，帰無仮説：「母相関係数が0」とすると，検定統計量は次式で表される。

$$t_0 = \frac{|r|\sqrt{n-2}}{\sqrt{1-r^2}}$$

ここで，rは相関係数，nはサンプルサイズであり，t_0は自由度$\phi = n-2$のt分布に従う。有意水準αに対して，つぎの式が成り立つとき帰無仮説は棄却される。

$$|t| \geqq t(\alpha)$$

では，この無相関の検定を用いて，有意水準を5％と1％のそれぞれで，標本数nに対する妥当な相関係数r_αを次式により求めてみよう。

$$r_\alpha = \frac{t(\alpha)}{\sqrt{n-2+t(\alpha)^2}}$$

サンプルサイズが100あれば，相関係数0.2程度でも5％有意水準で相関があるという結果が得られる（**図1**）。この無相関の検定では，図1に示すとおり，サンプルサイズがよほど小さくない限り，低い相関係数でも棄却されてしまう。しかも，これをもって高い相関関係があるとは言えず，あくまで無相関ではないことを示すにすぎない。広く普及している相関係数だが，その数値の解釈は難しい。

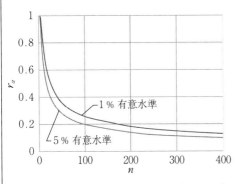

図1　無相関となる相関係数とサンプルサイズ

4

回 帰 分 析

　都市における土木・交通計画に関する諸現象は，複数の社会的，経済的な要因が複雑に絡み合って生じる活動の結果として現れるものである。そのような現象の発生や変化を適切に把握するためには，それぞれの影響関係を明らかにし，定量的に評価する分析手法が必要となる。例えば，新たな都市交通システムを計画する際には，道路や公共交通といった交通インフラが将来どれほど利用されるのか，適切に推計されなければならないが（交通需要予測），このとき，将来の交通需要を決定する重要な要素があらかじめわかっていて，その影響度も判明していると予測を容易に行うことができる。本章では，このような現象の理解にしばしば応用される回帰分析について学ぶ。回帰分析は多変量解析のうち最も基本的な手法として位置づけられるものである。

4.1　基本的な概念と位置づけ

　回帰分析（regression analysis）を理解するための例として，ある都市 A の都心部に向かう交通を考えることにしよう。交通需要に影響を与える大きな要素として居住者の人口を挙げる場合，人口が増えるほど交通需要は高まると予想できる。人口が交通需要に影響を与える要因と考え，その影響関係を簡単なイメージにすると**図 4.1**（ a ）のようになる。このとき，交通需要と人口との間の影響関係を分析して予測に使える式を導くことができれば，容易に将来の需要を推計できる。回帰分析はこのような影響関係を分析する手法としてしばしば用いられ，導かれる関係式を**回帰式**（regression equation）と呼ぶ。そして，人口のように影響を与える側の変数を「**説明変数**（explanatory variable)」や「**独立変数**（independent variable)」と呼び，交通需要のように影響を受ける側の変数を「**目的変数**（response variable)」や「**従属変数**（dependent

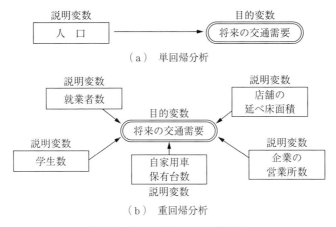

図 4.1 回帰分析における影響関係

variable）」，「**被説明変数**（explained variable）」と呼ぶ[†1]。目的変数は回帰分析において予測の対象となる変数である。この例では交通需要に与える影響要因として人口のみを取り上げているため，説明変数は一つでありこの場合の回帰分析のことを特に「**単回帰分析**（single regression analysis）」と呼ぶ。

　しかし，実際には，職業従事者，大学生・中高生，主婦，高齢者といったさまざまな属性を持った市民が，通勤，通学，買物，通院等の目的を持って，それぞれに最適と思われる交通手段を利用して移動することが想定される。そのため，交通計画において A 都心部へのトリップ数を予測する際には，居住地域の就業者数，学生数，自家用車の保有台数や，都心地域の企業の営業所数，店舗の延べ床面積など，決定要因となるものが複数考えられる（図4.1（b））。このような場合は，説明変数の候補[†2]が複数存在することとなり「**重回帰分析**（multiple regression analysis）」と呼ばれる。本章では，まず単回帰分析の例を通して回帰分析の基本イメージを理解したうえで，重回帰分析に拡張した場合の考え方や Excel を用いた実際的な分析手順について触れる。

---

† 1　本書では「説明変数」，「目的変数」と呼ぶこととする。
† 2　例示した影響要因はあくまで説明変数の「候補」として検討対象となるという意味合いのもので，分析後にこれらすべてが説明変数になるとは限らない。

4.2 回帰モデル式と最小二乗法

4.2.1 回帰モデル式

単回帰分析の例として，先ほどの都市 A の交通需要について通学トリップ
の「発生交通量」を 15 〜 20 歳「人口」から予測することを考えよう。した
がって人口が説明変数，発生交通量が目的変数となる。都市 A から 12 のゾー
ンを選定して人口と発生交通量を調べた結果，**表 4.1** のようであったとする。

表 4.1 都市 A における 12 ゾーンの 15 〜 20 歳人口分布と発生交通量

ゾーン	人口〔人〕	発生交通量〔トリップ〕	ゾーン	人口〔人〕	発生交通量〔トリップ〕
1	2 760	2 680	7	7 610	3 274
2	3 330	2 788	8	6 130	2 960
3	2 220	2 497	9	5 380	3 098
4	3 970	2 650	10	6 850	3 300
5	5 870	3 185	11	4 740	3 003
6	6 360	3 191	12	4 430	2 756

これらの既知の発生交通量と人口との間に存在する関係を何らかの式で表現
できれば，将来の発生交通量を人口から予測することができるだろう。ここ
で，このデータから散布図を作成すると**図 4.2** のグラフが得られる。これを
見ると，人口が多いゾーンであるほど発生交通量が多くなっており，両者の間
に正の相関があることが確認できる。Excel では〔近似曲線の追加〕によりグ

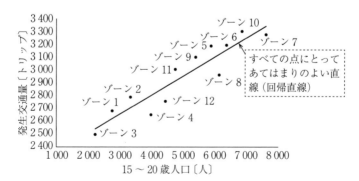

図 4.2 ゾーン別の 15 〜 20 歳人口と発生交通量

ラフ内に直線が引かれるが，これはすべての点にとって最もあてはまりのよい
直線で**回帰直線**（regression line）と呼ばれるものである。単回帰分析におけ
る回帰直線の式（回帰モデル式）はつぎのような線形式で表される。

$$y = a_1 x_1 + b \tag{4.1}$$

　ここに，x_1：人口〔人〕，y：発生交通量〔トリップ〕，a_1：係数，b：定数項

　このように，既知のデータにおける説明変数と目的変数の関係から，最もあ
てはまりのよい回帰モデル式を導くことができれば，説明変数（人口）の新た
な値から期待される目的変数（発生交通量）が予測できる。この「モデル式を
導く」とは，本例では，表4.1のデータから，モデル式（4.1）の係数 a_1 と定
数項 b を求めることにほかならず，係数や定数項は**モデルパラメータ**（model
parameter）と呼ばれ，これらの値を求めることを「モデルパラメータを推定
する」などという。なお，式（4.1）は説明変数が一つの単回帰モデルである
が，説明変数が二つ以上の重回帰モデルになると，説明変数の数に応じてパラ
メータも増え，一般に n 個の説明変数を持つモデル式はつぎのようになる。

$$y = a_1 x_1 + a_2 x_2 + \cdots + a_n x_n + b \tag{4.2}$$

　ここに，$x_1,\ x_2,\ \cdots,\ x_n$：説明変数，y：目的変数

　　　　$a_1,\ a_2,\ \cdots,\ a_n$：係数，b：定数項

4.2.2　最小二乗法によるモデルパラメータの導出

　では，回帰モデル式のモデルパラメータ（係数，定数項）はどのように推定
されるのだろうか。図4.2のように，回帰直線はすべての点にとってあてはま
りが良くなるように引かれるが，説明変数と目的変数は完璧な線形関係ではな
いため，各点は回帰直線から多少なりともズレが生じている。ここで，人口が
5 870人である5番目のゾーンに着目すると（**図 4.3**），実際の発生交通量（**実
績値**（actual value））は 3 185 トリップであるのに対し，回帰直線による予測
を適用すると 3 082 トリップ（**理論値**（theoretical value））と推定されること
となり，実績値と理論値との間には 103 トリップのズレがある。この実績値か
ら理論値を引いた値として表現されるズレは**残差**（residual）と呼ばれる。

　すべてのゾーン（プロット点）に残差が存在するが，最もあてはまりのよい

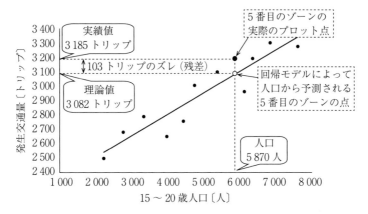

図 4.3 実績値と理論値のズレ（残差）

回帰直線を引くには，これら残差の全体が小さくなるようなモデルパラメータ
を求めればよいこととなる。しかしながら，すべてのゾーンについて見渡す
と，**図 4.4** のように残差が正の場合（実績値＞理論値）と，負の場合（実績
値＜理論値）とが同等に存在しており，全体のズレを求めるために単純にこの
まま足し合わせると合計値は相殺されて 0 となってしまい，ズレの程度を表現
することができない。**表 4.2** は各ゾーンについて実績値，理論値，残差を計
算した結果であるが，残差の合計値は 0 となることが確認できる。そこで互い
の相殺が起こらないように残差を 2 乗してその合計を全体のズレの程度として

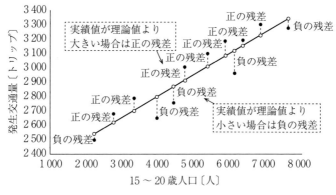

図 4.4 正と負の残差

表 4.2　残差と残差平方の算出結果

ゾーン i	人口 x_{1i}	発生交通量 実績値 y_i	発生交通量 理論値 $\hat{y}_i$	残差 $y_i - \hat{y}_i$	残差平方 $(y_i - \hat{y}_i)^2$
1	2 760	2 680	2 621	59	3 481
2	3 330	2 788	2 705	83	6 889
3	2 220	2 497	2 541	−44	1 936
4	3 970	2 650	2 800	−150	22 500
5	5 870	3 185	3 082	103	10 609
6	6 360	3 191	3 155	36	1 296
7	7 610	3 274	3 340	−66	4 356
8	6 130	2 960	3 120	−160	25 600
9	5 380	3 098	3 009	89	7 921
10	6 850	3 300	3 227	73	5 329
11	4 740	3 003	2 914	89	7 921
12	4 430	2 756	2 868	−112	12 544
			合計→	0	110 382

残差は合計すると相殺されてゼロとなる　　　残差平方和

表現する。残差の 2 乗の合計は**残差平方和**（residual sum of squares）と呼ばれ，この残差平方和が最小となるようなパラメータを算出する。このようなモデルパラメータの推定法を**最小二乗法**（least squares method）という。

　以上を一般化した式で表すと次のようになる。まず，回帰モデル式を以下のように仮定する。

$$y = a_1 x_1 + b \tag{4.3}$$

i 番目のサンプルの説明変数 x_{1i} から予測される目的変数の理論値 $\hat{y}_i$ は，式 (4.3) より

$$\hat{y}_i = a_1 x_{1i} + b \tag{4.4}$$

であるため，i 番目のサンプルの実績値 y_i と理論値 $\hat{y}_i$ との残差 e_i は

$$e_i = y_i - \hat{y}_i = y_i - (a_1 x_{1i} + b) \tag{4.5}$$

となり，残差平方和 S_E は次式で表される。

$$S_E = \sum_{i=1}^{n} e_i^2 = \sum_{i=1}^{n} \{y_i - (a_1 x_{1i} + b)\}^2 \tag{4.6}$$

　残差平方和 S_E はサンプル全体の実績値と理論値のズレの程度を表しており，これを最小にする a_1 と b がモデル式のパラメータとなる。S_E は a_1 と b の二次関数で，二次の項の係数が正で下に凸の曲線であるから，それぞれについて偏微分して 0 とおき，つぎの連立方程式より S_E を最小にする a_1 と b を求める。

$$\frac{\partial S_E}{\partial a_1} = -2\sum_{i=1}^{n} x_{1i}(y_i - a_1 x_{1i} - b) = 0 \tag{4.7}$$

$$\frac{\partial S_E}{\partial b} = -2\sum_{i=1}^{n} (y_i - a_1 x_{1i} - b) = 0 \tag{4.8}$$

a_1, b について整理すると

$$\left(\sum_{i=1}^{n} x_{1i}^{2}\right)a_1 + \left(\sum_{i=1}^{n} x_{1i}\right)b = \sum_{i=1}^{n} x_{1i}y_i \tag{4.9}$$

$$\left(\sum_{i=1}^{n} x_{1i}\right)a_1 + nb = \sum_{i=1}^{n} y_i \tag{4.10}$$

となり，これを**正規方程式**（normal equation）と呼ぶ。これより

$$a_1 = \frac{\sum\limits_{i=1}^{n} x_{1i}y_i - \left(\sum\limits_{i=1}^{n} x_{1i}\cdot\sum\limits_{i=1}^{n} y_i\right)\Big/n}{\sum\limits_{i=1}^{n} x_{1i}^{2} - \left(\sum\limits_{i=1}^{n} x_{1i}\right)^{2}\Big/n} = \frac{\sum\limits_{i=1}^{n} (x_{1i} - \overline{x})(y_i - \overline{y})}{\sum\limits_{i=1}^{n} (x_{1i} - \overline{x})^{2}}$$

$$= \frac{[\text{説明変数 } x_1 \text{ と目的変数 } y \text{ の共分散}]}{[\text{説明変数 } x_1 \text{ の分散}]} \tag{4.11}$$

$$b = \frac{\sum\limits_{i=1}^{n} y_i}{n} - a_1 \frac{\sum\limits_{i=1}^{n} x_{1i}}{n}$$

$$= [\text{目的変数 } y \text{ の平均}] - a_1 \times [\text{説明変数 } x_1 \text{ の平均}] \tag{4.12}$$

が導かれる。通学トリップの例では，表 4.2 の各値から，式 (4.11)，式 (4.12) を用いてパラメータを計算すると

$$a_1 = 0.15, \quad b = 2\,211 \tag{4.13}$$

となり，以下のように回帰モデル式が導かれる。

$$y = 0.15x_1 + 2\,211 \tag{4.14}$$

　ここに，x_1：人口〔人〕，y：発生交通量〔トリップ〕

　得られたモデル式の係数 a_1 を**回帰係数**（regression coefficient）と呼ぶ。式 (4.14) では，回帰係数が 0.15 であるが，これはゾーンの人口が 1 人増えると発生交通量が 0.15 トリップだけ増加することを示しており，係数が大きくなるほど人口の変化が発生交通量に与える影響が大きい。つまり，回帰係数は目的変数に対する説明変数の影響度を表すものといえる。ただし，この係数は説明変数の単位によって値が容易に変化する点に注意を要する。式 (4.14) の人口 x_1 の単位は〔人〕であるが，これが〔百人〕となると x_1 が 1 増えると人口が 100 人増え，発生交通量は 15 トリップ増加することになるので

$$y = 15x_1 + 2\,211 \tag{4.15}$$

　　　ここに，x_1：人口〔百人〕，y：発生交通量〔トリップ〕

のように，回帰係数は 100 倍の値となる。しかし，人口が発生交通量に与える影響が人口の単位によって変化することはない。このことは特に説明変数が複数存在する重回帰分析の結果の解釈において重要であり，詳細については重回帰分析の解説で触れることとする。

4.2.3　Excel による最小二乗法の適用

　4.2.2 項では正規方程式から導かれた一般的な公式を用いて，回帰モデル式の回帰係数と定数項を求めた。ここでは，最小二乗法の原理をより深く理解するために，Excel の「ソルバー」機能[†]を活用して表 4.1 のデータから残差平方和を最小にするパラメータを探索する方法を解説する。ソルバーは Excel のワークシート内に［目的セル］を指定し，そのセルに入力された値に対して任意の条件下での最適解を探ることができる機能である。まず，最適計算をする前の準備として以下の手順により**図 4.5** のような計算シートを作成する。

①　基データとなる表 4.1 の値を A 〜 C 列に入力する。

②　15 〜 16 行にモデル式の回帰係数 a_1 と定数項 b のセルを作成し，初期値として 0 を入力しておく。

③　D 列に発生交通量 y の理論値の列を作成し，各ゾーンに対して $a_1x_1 + b$

---

†　「ソルバー」機能を使用するには事前に Excel アドインの設定が必要であるがその方法については各自で確認されたい。

	A	B	C	D	E	F	G
		①		③	④	⑤	
1	ゾーン	人口x1	発生交通量y	y理論値	y残差	y残差平方	
2	1	2760	2680	0	2680	7182400	
3	2	3330	2788	0	2788	7772944	
4	3	2220	2497	0	2497	6235009	
5	4	3970	2650	0	2650	7022500	
6	5	5870	3185	0	3185	10144225	
7	6	6360	3191	0	3191	10182481	
8	7	7610	3274	0	3274	10719076	
9	8	6130	2960	0	2960	8761600	
10	9	5380	3098	0	3098	9597604	
11	10	6850	3300	0	3300	10890000	
12	11	4740	3003	0	3003	9018009	
13	12	4430	2756	0	2756	7595536	⑥
14						105121384	←合計(残差平方和)
15		②	回帰係数a1	定数項b			
16			0	0			
17							

図 4.5 最適計算前の準備

を計算する式を入力する。

　　（例）　D2 には，「=B$16*B2+C$16」と入力。

④　E 列に発生交通量 y の残差の列を作成し，各ゾーンに対して残差（実績値－理論値）を計算する式を入力する。

　　（例）　E2 には，「=C2-D2」と入力。

⑤　F 列に発生交通量 y の残差平方の列を作成し，各ゾーンに対して残差を 2 乗する式を入力する。

　　（例）　F2 には，「=E2^2」と入力。

⑥　SUM 関数を使って F14 に残差平方和が算出されるようにする。

つぎに，［データ］タブから［分析］→［ソルバー］をクリックすると**図 4.6**のようなソルバー機能のダイアログが出るので，以下の手順により設定を行う。

⑦　［目的セルの設定］では，最適化の対象となるセルを選択する。最小二乗法では残差平方和に相当する F14 のセルを指定する。

⑧　残差平方和が最小となるよう最適計算をするため，［目標値］は［最小値］を選択する。

⑨　［変数セルの変更］では，探索するパラメータである回帰係数 a_1 と定数項 b のセルを指定する。

⑩　探索パラメータ（回帰係数 a_1 と定数項 b）が正負いずれの値も取れる

図 4.6　ソルバー機能の設定

ように，[制約のない変数を非負数にする]のチェックを外しておく。

⑪　[解決]をクリックするとソルバー計算が開始される。

計算の結果は**図 4.7**のようになり，回帰係数 0.15，定数項 2 211 と，残差

	A	B	C	D	E	F	G
1	ゾーン	人口x1	発生交通量y	y理論値	y残差	y残差平方	
2	1	2760	2680	2620.640242	59.35975813	3523.580886	
3	2	3330	2788	2705.168874	82.83112567	6860.99538	
4	3	2220	2497	2540.560485	-43.5604848	1897.515836	
5	4	3970	2650	2800.078216	-150.078216	22523.47093	
6	5	5870	3185	3081.840324	103.1596757	10641.9187	
7	6	6360	3191	3154.505289	36.494711	1331.863931	
8	7	7610	3274	3339.875097	-65.87509704	4339.52841	
9	8	6130	2960	3120.397244	-160.3972443	25727.27599	
10	9	5380	3098	3009.17536	88.8246405	7889.816759	
11	10	6850	3300	3227.170254	72.82974625	5304.171938	
12	11	4740	3003	2914.266018	88.73398221	7873.719599	
13	12	4430	2756	2868.294305	-112.2943054	12610.01103	
14						110523.8694 ←合計（残差平方和）	
15		回帰係数a1	定数項a0				
16		0.148295846	2211.343706				

ソルバーにより探索されたパラメータ

ソルバーにより最適化された残差平方和の最小値

図 4.7　ソルバーによる計算結果

平方和を最小にするモデルパラメータが探索される。この算出結果は正規方程式に基づく公式を用いた式 (4.13) の結果と同じ値であることを確認されたい。

4.3　決 定 係 数

最小二乗法では，サンプル全体における実績値と理論値のズレを残差平方和で表現し，ズレが最小となるモデルパラメータを数学的に求めただけで，説明変数と目的変数の関係を回帰モデルでどれだけ表現できているかはまったく考慮されていない。極端な場合，図 4.8 のように説明変数と目的変数との間に明らかに関係のない状態や，線的な関係にない状態であっても，最小二乗法でムリヤリ回帰直線を引くことが可能である。このような回帰モデルは，説明変数と目的変数の量的関係を表現できているとははなはだ言い難く，将来値の予測や影響度の評価に使えるわけもない。

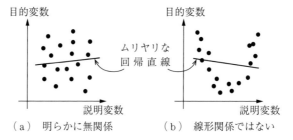

図 4.8　ムリヤリ回帰直線が引かれた例

そのため，得られた回帰モデルのあてはまり具合を示す指標が必要で，**決定係数**（coefficient of determination）がその役割を担う。決定係数 R^2 は 0 から 1 までの値をとり，図 4.9 (a), (e) のように説明変数と目的変数の間に完全

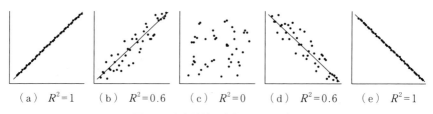

（ a ）　$R^2 = 1$　　（ b ）　$R^2 = 0.6$　　（ c ）　$R^2 = 0$　　（ d ）　$R^2 = 0.6$　　（ e ）　$R^2 = 1$

図 4.9　決定係数の大きさによる違い

に線的な関係があれば $R^2=1$ となり，図（c）のようにまったく無相関である
ときは $R^2=0$ である。決定係数は，回帰のあてはまりのよさを目的変数の変
動を使って表現する。決定係数の考え方を都市 A の通学トリップの発生交通
量の例で説明しよう。都市 A におけるゾーン別発生交通量は平均値 $\overline{y}$ という
一つの値に代表値として集約することができるが，実際には**図 4.10** の左側の
グラフにあるように発生交通量はゾーンによってばらついている。この変動を
実績値と平均値の差として捉え，これを**偏差**（deviation）と呼ぶ。

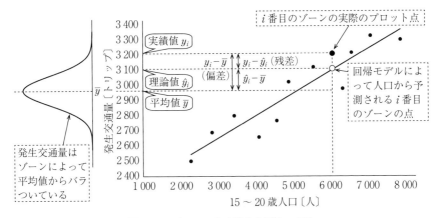

図 4.10　ゾーンによる発生交通量の変動

　偏差はゾーンごとに人口が変化することで生じる変動と解釈できるが，ここ
で i 番目のゾーンに着目する（図 4.10 右側）。このゾーンの発生交通量の実績
値 y_i は平均値から $y_i-\overline{y}$（偏差分）だけ変動しているが，回帰直線から得られ
る理論値 $\hat{y}_i$ では $\hat{y}_i-\overline{y}$ しか変動しておらず，両者の変動量に差がある。回帰
モデルのあてはまりがよいということは，実績値の点が回帰直線により近いと
いうことであるが，それをこの図で言い換えるなら，平均値からの実績値の変
動 $y_i-\overline{y}$ のうち，理論値の変動 $\hat{y}_i-\overline{y}$ で占められる部分が多いほど，モデル
のあてはまりがよいことになる。これを全 12 ゾーンに拡張すると
　　全体の実績値の変動：偏差 $y_i-\overline{y}$ を 2 乗して合計したもの[†]　（偏差平方和）

[†]　2 乗して足し合わせる理由は，最小二乗法での残差と同じように全ゾーンに対して偏
　　差をそのまま合計すると相殺されてしまうからである。

全体の理論値の変動：$\hat{y}_i - \overline{y}$ を 2 乗して合計したもの　（回帰平方和）

となり，偏差平方和のうち，回帰平方和が占める割合を求めれば，全体におけ
る回帰モデルのあてはまり具合を表現していると考えてよい。したがって，決
定係数は以下のように求めることができる[†]。

$$R^2 = \frac{\displaystyle\sum_{i=1}^{n}(\hat{y}_i - \overline{y})^2}{\displaystyle\sum_{i=1}^{n}(y_i - \overline{y})^2} = \frac{〔回帰平方和〕}{〔偏差平方和〕} \tag{4.16}$$

　つまり，目的変数である発生交通量の全変動は「偏差平方和」として表さ
れ，全変動は「回帰によって説明できる変動（回帰平方和）」と，「回帰によっ
て説明できない変動（残差平方和）」とに分けることができる（**図 4.11**）。そ
して決定係数は，「目的変数の全変動を回帰によってどれだけの割合説明でき
ているか」で回帰モデルのあてはまり具合を表すものである。

回帰平方和 （回帰によって説明できる変動）	残差平方和 （回帰によって説明できない変動）

偏差平方和（全変動）

図 4.11　変動と平方和の関係

　通学トリップの例において決定係数を求めるために，**表 4.3** のように各ゾー
ンに対して発生交通量の偏差平方 $(y_i - \overline{y})^2$，回帰平方 $(\hat{y}_i - \overline{y})^2$，残差平方
$(y_i - \hat{y}_i)^2$ を計算し，それぞれの合計（平方和）を算出する。決定係数は

$$R^2 = \frac{\displaystyle\sum_{i=1}^{n}(\hat{y}_i - \overline{y})^2}{\displaystyle\sum_{i=1}^{n}(y_i - \overline{y})^2} = \frac{〔回帰平方和〕}{〔偏差平方和〕} = \frac{686\,702}{797\,560} = 0.86 \tag{4.17}$$

と求められ，あてはまりのよいモデル式であると評価できる。なお，決定係数

[†]　実際には，決定係数の一般的な定義は，

$$R^2 = 1 - \left[\sum_{i=1}^{n}(y_i - \hat{y}_i)^2\right] \Big/ \left[\sum_{i=1}^{n}(y_i - \overline{y})^2\right] = 1 - 〔残差平方和〕/〔偏差平方和〕とされる。$$

単回帰分析では 1 - 〔残差平方和〕/〔偏差平方和〕=〔回帰平方和〕/〔偏差平方和〕が成立す
るため，このように説明した。

表4.3　偏差平方和, 回帰平方和, 残差平方和の算出

ゾーン i	人口 x_{1i}	発生交通量 実績値 y_i	発生交通量 理論値 $\hat{y}_i$	偏差平方 $(y_i - \overline{y})^2$	回帰平方 $(\hat{y}_i - \overline{y})^2$	残差平方 $(y_i - \hat{y}_i)^2$
1	2 760	2 680	2 621	72 361	107 584	3 481
2	3 330	2 788	2 705	25 921	59 536	6 889
3	2 220	2 497	2 541	204 304	166 464	1 936
4	3 970	2 650	2 800	89 401	22 201	22 500
5	5 870	3 185	3 082	55 696	17 689	10 609
6	6 360	3 191	3 155	58 564	42 436	1 296
7	7 610	3 274	3 340	105 625	152 881	4 356
8	6 130	2 960	3 120	121	29 241	25 600
9	5 380	3 098	3 009	22 201	3 600	7 921
10	6 850	3 300	3 227	123 201	77 284	5 329
11	4 740	3 003	2 914	2 916	1 225	7 921
12	4 430	2 756	2 868	37 249	6 561	12 544
平均値 $\overline{y}$ →		2 949	合計→	797 560	686 702	110 382
				偏差平方和	回帰平方和	残差平方和

は, 目的変数の実績値と理論値との相関係数の2乗と一致する。実績値 y_i と理論値 $\hat{y}_i$ の相関係数 r を計算すると

$$r = \frac{\sum_{i=1}^{n}(y_i - \overline{y})(\hat{y}_i - \overline{y})}{\sqrt{\sum_{i=1}^{n}(y_i - \overline{y})^2 \sum_{i=1}^{n}(\hat{y}_i - \overline{y})^2}} = 0.93 \tag{4.18}$$

で, $r^2 = 0.86$ となり式 (4.17) の決定係数と一致することが確認できる。

4.4　回帰係数と決定係数の検定

　ここまでで求めた回帰係数と決定係数は, 限られた標本のデータを分析して推定されたものであり, 母集団に対しても同様の結論が適用できるかを確認する必要がある。通学トリップの例で言うと, 都市Aの中から選定された12のゾーンのデータを分析して得られた結果が, 都市の全ゾーンに対しても統計的に有意であるか評価しなければならない。回帰係数で表される説明変数と目的変数との量的関係や, 決定係数で表される回帰のあてはまり具合といった性質

は，たまたま分析対象とした標本で偶然認められたにすぎない可能性があるため，統計的に検定することが重要である。

4.4.1　回帰係数の検定

母集団の説明変数と目的変数との間に回帰の関係がないという帰無仮説

$$H_0 : a_1 = 0 \tag{4.19}$$

を立てる。この仮説のもと

$$t = \frac{\hat{a}_1}{S_{a_1}} = \frac{\hat{a}_1}{\sqrt{\dfrac{\sum_{i=1}^{n}(y_i - \hat{y}_i)^2 \big/ (n-2)}{\sum_{i=1}^{n}(x_{1i} - \overline{x})^2}}} = \frac{\hat{a}_1}{\sqrt{\dfrac{[\text{目的変数 } y \text{ の残差平方和}/(n-2)]}{[\text{説明変数 } x_1 \text{ の偏差平方和}]}}} \tag{4.20}$$

は自由度 $(n-2)$ の t 分布に従う[†]。$\hat{a}_1$ は標本値より求められた回帰係数の推定値であり，S_{a_1} は回帰係数 $\hat{a}_1$ の**標準誤差**（standard error）と呼ばれる。**図 4.12**（a）が自由度 $(n-2)$ の t 分布であるが，式（4.20）より $\hat{a}_1 = S_{a_1}t$ であるので，この t 分布の横軸のスケールを S_{a_1} 倍したものが回帰係数の推定値 $\hat{a}_1$ の分布になる。つまり，これは母集団の回帰係数が $a_1 = 0$ と仮定した場合に，標本値の回帰分析によって偶然推定されてしまう $\hat{a}_1$ の確率分布を表したものである。例えば，式（4.20）より算出された t 値が，$t > t(n-2, 0.025)$ または $t < -t(n-2, 0.025)$ を満たすのであれば（図4.12の網掛け範囲内），$\hat{a}_1$ は a_1

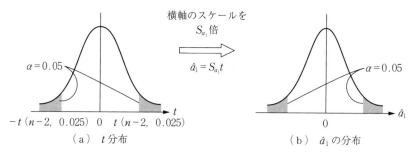

図 4.12　t 分布と回帰係数の推定値 $\hat{a}_1$ の分布

[†]　本書では各種分析手法の使い方や意味を解説することに主眼を置いているため，なぜこの統計量が t 分布に従うのかは他書籍を参照されたい（式（4.22）の F 値も同様）。

$=0$ と仮定した場合に 5% 未満の確率でしか推定されない係数値ということであるから帰無仮説が棄却され，有意水準 5% で説明変数と目的変数との回帰関係が認められることとなる。

通学トリップの例で t 値を算出すると

$$t = \frac{\hat{a}_1}{\sqrt{\dfrac{[\text{発生交通量 } y \text{ の残差平方和}]/(n-2)}{[\text{人口 } x_1 \text{ の偏差平方和}]}}} = \frac{0.15}{\sqrt{\dfrac{110\,382/(12-2)}{31\,240\,492}}} = 7.980$$

$$(4.21)$$

となり，$t(10, 0.0005) = 4.587$ より値が大きいことから 0.1% 水準で統計的に有意であると確認することができる。

4.4.2 決定係数の検定

決定係数の検定では，母集団においては回帰モデルがまったく当てはまっていないという帰無仮説を立てて，この仮説のもと

$$F = \frac{\displaystyle\sum_{i=1}^{n}(\hat{y}_i - \overline{y})^2}{\displaystyle\sum_{i=1}^{n}(y_i - \hat{y}_i)^2 \Big/ (n-2)} = \frac{[\text{目的変数 } y \text{ の回帰平方和}]}{[\text{目的変数 } y \text{ の残差平方和}]/(n-2)}$$

$$(4.22)$$

が自由度 $(1, n-2)$ の F 分布に従うことを利用する。4.3 節で触れたとおり，回帰平方和は全変動のうち回帰モデルによって説明される変動を，残差平方和は回帰モデルによって説明できない変動を表しているので，式 (4.22) の F は回帰による予測能力が予測の誤差に対してどれほど大きいかを示す値といえる。そのため，F が大きいほど望ましく決定係数の信頼性が高い。

通学トリップの例で F 値を算出すると

$$F = \frac{[\text{発生交通量 } y \text{ の回帰平方和}]}{[\text{発生交通量 } y \text{ の残差平方和}]/(n-2)} = \frac{686\,702}{110\,382/(12-2)} = 62.21$$

$$(4.23)$$

となり，$F(1, 10, 0.001) = 21.04$ より値が大きいことから 0.1% 水準で統計的に有意であると言える。

4.5　重回帰分析への拡張

4.5.1　標準偏回帰係数

これまで取り扱った通学トリップの発生交通量の推定モデルは，説明変数が人口のみの単回帰分析であった。実際の交通需要には複数の要因が考えられるため，式 (4.24) のように複数の説明変数で構成される重回帰モデルが一般的である。重回帰分析での影響関係は，例えば**図4.13**のように表現できる。

$$y = a_1 x_1 + a_2 x_2 + \cdots + a_n x_n + b \tag{4.24}$$

ここに，x_1, x_2, $\cdots$, x_n：説明変数，y：目的変数

a_1, a_2, $\cdots$, a_n：偏回帰係数，b：定数項

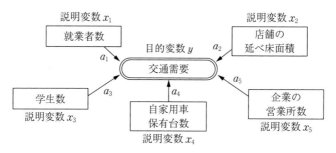

図4.13　重回帰分析における影響関係の例

ここで，モデル式の係数 a_1, a_2, $\cdots$, a_n は，重回帰分析では**偏回帰係数** (partial regression coefficient) と呼ばれ，その値が大きくなるほど各説明変数 x_1, x_2, $\cdots$, x_n の変化に対する目的変数 y の変化が大きくなる。つまり，偏回帰係数は「説明変数が目的変数に及ぼす影響の程度」を表していることとなる。ただし，注意すべき点として，式 (4.24) の説明変数 x_1, x_2, $\cdots$, x_n は単位がつねに同じであるとは限らないため，係数 a_1, a_2, $\cdots$, a_n を互いに単純比較することはできない。図4.13の例で，就業者数 x_1 の単位が〔人〕，店舗の延べ床面積 x_2 の単位が〔m^2〕で，$a_1 < a_2$ であったとしても「就業者数よりも店舗の延べ床面積の方が交通需要に与える影響が大きい」とは言えない。就業者数 x_1 の単位を〔万人〕とした途端に係数 a_1 は 10 000 倍の値となり $a_1 > a_2$

となることは容易に考えられるためである。したがって，目的変数に与える影響度について説明変数間の比較をする際には，このような説明変数の単位や分散の違いの問題が取り除かれた**標準偏回帰係数**（standardized partial regression coefficient）が用いられる。標準偏回帰係数の求め方は 2 通りある。

〔1〕 **回帰分析の実施前に説明変数のデータ値を標準化する**　すべての変数の分布が平均 0，分散 1 となるように，あらかじめデータを標準化[†]してから重回帰分析を行う方法である。変数の標準化は以下により行う。

$$x'_p = \frac{x_p - \overline{x}_p}{s_p}, \quad y' = \frac{y - \overline{y}}{s_y} \tag{4.25}$$

ここに，x'_p, y'：標準化された説明変数 x_p，目的変数 y の値

$\overline{x}_p$, $\overline{y}$：説明変数 x_p，目的変数 y の平均

s_p, s_y：説明変数 x_p，目的変数 y の標準偏差

標準化によってデータ値が標準偏差で除されるため，これにより求められる回帰係数は，各説明変数の「1 標準偏差相当分の変化」による影響を表現することとなり，単位や分散の違いにとらわれずに影響度を比較することができる。

〔2〕 **回帰分析の実施後に偏回帰係数を標準化する**　説明変数を標準化せずにそのまま重回帰分析を行い，得られた偏回帰係数を標準偏回帰係数へ換算する方法である。標準偏回帰係数は次式より求められる。

$$a'_p = a_p \times \sqrt{\frac{S_p}{S_y}} = a_p \times \frac{s_p}{s_y} \tag{4.26}$$

ここに，a'_p：説明変数 x_p の標準偏回帰係数

a_p：説明変数 x_p の偏回帰係数

S_p：説明変数 x_p の偏差平方和，S_y：目的変数 y の偏差平方和

s_p：説明変数 x_p の標準偏差，s_y：目的変数 y の標準偏差

4.5.2 自由度修正済み決定係数

重回帰分析では，説明変数の種類が増えるほど，目的変数の偏差平方和（全変動）のうち残差平方和（回帰によって説明できない変動）の占める割合が低

[†] Excel では STANDARDIZED 関数を使用するとデータを容易に標準化できる。

くなり，決定係数が増加して1に近づく性質がある。たとえ目的変数との相関が低い説明変数であっても，追加すると計算上決定係数が大きく見積もられてしまう。そのため以下の**自由度修正済み決定係数**（adjusted coefficient of determination）で回帰モデルの当てはまり具合を評価する必要がある。

$$R^{2^*} = 1 - \frac{S_E/(n-p-1)}{S_T/(n-1)} \tag{4.27}$$

ここに，S_E：残差平方和，S_T：偏差平方和，p：説明変数の数

自由度修正済み決定係数 R^{2^*} は，修正前の決定係数 R^2 よりも小さくなり，両者の差はサンプルサイズ n が大きくなるほど小さい。自由度修正済み決定係数を使うことにより，分析時に新たな説明変数を追加した際に，単なる説明変数の増加による効果を取り除いて分析精度を評価することができる。

4.5.3　多　重　共　線　性

説明変数は目的変数との相関が高いことが望ましいが，**多重共線性**（multicollinearity，**マルチコ**とも呼ぶ）に留意しなければならない。多重共線性は説明変数どうしに高い相関関係がある場合に発生するもので，偏回帰係数の推定区間が大きくなり精度が著しく下がってしまう。例えば，交通需要を予測するモデルの説明変数として，「店舗の延べ床面積」と「店舗数」を取り入れた場合，両者の相関が高いことにより，交通需要に対する影響の程度を正しく評価できず，説明変数と目的変数との間に正の相関があるにもかかわらず，偏回帰係数の算出値が小さくなったり，場合によっては負となってしまう可能性もある。多重共線性のチェックには，目的変数との偏相関係数と偏回帰係数を照合する方法や，説明変数どうしの相関係数を確認する方法がある。確認の結果，多重共線性が認められた場合は，いずれかの説明変数を取り除いて再度重回帰分析を行う[†]。

4.5.4　変数選択と偏回帰係数の検定

より精度の高い重回帰モデルを構築するためには，最適な説明変数の組合せ

[†] このほかに主成分分析等を用いて説明変数を縮約して得られる合成変数を用いて重回帰分析を行う方法もある。

を見つけることが重要となる。説明変数の採否の手法として，さまざまな**変数選択法**（variable selection procedure）が提案されている。これらは，重回帰分析の結果として出力される統計値に何らかの基準を設けて，説明変数の取捨選択を逐次行い，分析を繰り返していく方法である。代表的な手法として以下のようなものがあり，前述の多重共線性の確認をしながら手順を進めていく。

（1） **変数増加法**（step-up procedure）　説明変数がまったく含まれていない状態からスタートし，候補となる説明変数それぞれについて，変数を一つだけ取り込んだモデル（つまり，単回帰モデル）を作成し，あらかじめ設定した基準を満たすモデルの中から最適な1ケースを選定して変数を決定する。続いて，他の説明変数の候補からさらに一つだけ取り込んだモデル（説明変数二つの重回帰モデル）を設定し，それらの中から最適なパターンを選定する。以後，同様の手順を繰り返して説明変数を増加させていく。

（2） **変数減少法**（step-down procedure）　説明変数の全候補が含まれている状態からスタートし，分析の結果，基準を満たさない変数の中から最も不適なものを取り除く。同様の手順で変数を一つずつ減少させて，基準を満たさない変数が現れなくなるまで繰り返す。

（3） **変数増減法**（stepwise procedure／forward selection procedure）　変数増加法に変数減少法の考え方も取り入れた方法。説明変数が含まれていない状態から変数を一つずつ取り込んでいく手順は変数増加法と同じであるが，変数増加法では一度採用された説明変数について再度吟味することはない一方で，変数増減法では分析ごとに変数減少法の要領で基準を満たさない変数が現れた場合は取り除かれる。また，変数減少法では取り除かれた変数はそれ以降検討対象とはならないが，変数増減法では再度選定候補として残される。

（4） **総当たり法**（best-subset selection procedure）　すべての説明変数の組合せに対して重回帰分析を実施して最適なパターンを見つけ出す方法。説明変数が多いほど計算量と評価回数が膨大となるデメリットがある。

変数選択の基準には，偏回帰係数の検定に関する統計量や，自由度修正済み

決定係数が用いられる。偏回帰係数の検定では，単回帰分析の際に取り上げた式 (4.20) と同様に，偏回帰係数の推定値 $\hat{a}_p$ を標準誤差 S_{ap} で割った値

$$t_p = \frac{\hat{a}_p}{S_{ap}} \tag{4.28}$$

が自由度 $(n-p-1)$ の t 分布に従うことを利用する。そして変数選択では習慣的に t_p を 2 乗した F 値がしばしば用いられる。

$$F_p = t_p^2 \tag{4.29}$$

F_p は母集団の偏回帰係数が 0 であるという帰無仮説において，自由度 $(1, n-p-1)$ の F 分布に従う統計量である。説明変数の有意性の判断には F_p が 2.0 より大きいか，あるいは小さいかが基準[†1]として使われることが多い。

　自由度修正済み決定係数の検定には，単回帰分析の際に取り上げた式 (4.22) と同様に

$$F = \frac{\sum_{i=1}^{n}(\hat{y}_i - \overline{y})^2 \big/ p}{\sum_{i=1}^{n}(y_i - \hat{y}_i)^2 \big/ (n-p-1)} = \frac{[\text{目的変数 } y \text{ の回帰平方和}]\big/ p}{[\text{目的変数 } y \text{ の残差平方和}]\big/ (n-p-1)} \tag{4.30}$$

が自由度 $(p, n-p-1)$ の F 分布に従うことを利用する[†2]。

4.6　Excel による重回帰分析の実践

　4.2.3 項では最小二乗法について理解を深めるために，Excel のソルバー機能を用いて単回帰分析を行った。説明変数が複数となる重回帰分析も，同様な手順でモデルパラメータを算出することは可能であるが，ここでは「データ分

---

†1　$F=2.0$ は有意水準では 10 % 程度に相当することから「緩い基準」と思われるかもしれない。重回帰分析では各変数の F 値が説明変数の組合せに依存するため，まだ有意な変数が確定していない段階での F 値を完全に信頼できるとは断言できない。変数選択が探索的なアプローチ手法であることを考慮すると，1 % 水準（$F=6.64$）や 5 % 水準（$F=3.84$）を適用した場合，本来取り込むべき重要な説明変数を見落としてしまう懸念がある。結局，変数選択の基準としての F 値は分析者の経験に委ねられることとなる。

†2　単回帰分析における式 (4.22) は，式 (4.30) で説明変数の数を $p=1$ とした場合として与えられるものである。

析」機能を利用してより簡便に分析する方法について触れる。分析例として，都市 B における自動車による通勤通学トリップの発生交通量を説明する重回帰モデルを考える。選定された 20 のゾーンについて，発生交通量，就業者数，世帯数，学生数，自家用車保有台数が**表 4.4** のように与えられているとする。この重回帰モデルでは，発生交通量が目的変数で，就業者数，世帯数，学生数，自家用車保有台数が説明変数の候補となる変数である。

表 4.4　都市 B における自動車の通勤通学トリップ交通量

ゾーン	発生交通量〔トリップ〕	就業者数〔人〕	世帯数〔世帯〕	学生数〔人〕	自家用車保有台数〔台〕
1	847	881	821	672	648
2	924	701	719	487	655
3	924	1 329	1 447	517	497
4	1 078	1 667	1 605	775	670
5	1 078	845	876	840	678
6	1 078	1 619	1 542	775	1 028
7	1 155	1 426	1 448	654	1 386
8	1 155	1 594	1 753	1 085	1 051
9	1 309	1 474	1 358	775	1 771
10	1 309	1 377	1 297	982	1 074
11	1 386	1 353	1 346	540	1 447
12	1 463	1 450	1 305	1 078	1 096
13	1 540	3 286	3 440	930	738
14	1 617	2 573	2 505	878	1 119
15	1 617	1 546	1 408	487	1 507
16	1 771	2 356	2 541	715	1 903
17	1 848	1 522	1 498	1 085	1 922
18	1 848	3 479	3 716	878	2 717
19	2 002	2 611	2 624	982	1 568
20	2 310	2 997	3 169	827	3 166

4.6.1　重回帰分析の手順

〔1〕　分析データの入力と標準偏差の算出

①　図 **4.14** のように，基データとなる表 4.4 の値を A ～ F 列に入力する。

②　分析後に標準偏回帰係数を計算するために（式 (4.26) 参照），各変数の標準偏差を STDEV.S 関数により求めておく[†]。

[†]　この段階で説明変数を標準化しておいても構わない。本例では，標準化されていない偏回帰係数についても考察したいため，分析後に係数の標準化を行うことにする。

	A	B	C	D	E	F
1	ゾーン	発生交通量y	就業者数	世帯数	学生数	自動車台数
2	1	847	881	821	672	648
3	2	924	701	719	487	655
4	3	924	1329	1447	517	497
5	4	1078	1667	1605	775	670
6	5	1078	845	876	840	678
7	6	1078	1619	1542	775	1028
8	7	1155	1426	1448	654	1386
9	8	1155	1594	1753	1085	1051
10	9	1309	1474	1358	775	1771
11	10	1309	1377	1297	982	1074
12	11	1386	1353	1346	540	1447
13	12	1463	1450	1305	1078	1096
14	13	1540	3286	3440	930	738
15	14	1617	2573	2505	878	1119
16	15	1617	1546	1408	487	1507
17	16	1771	2356	2541	715	1903
18	17	1848	1522	1498	1085	1922
19	18	1848	3479	3716	878	2717
20	19	2002	2611	2624	982	1568
21	20	2310	2997	3169	827	3166
22	標準偏差	401	801	872	196	705

図4.14 分析データの準備

〔2〕 分析条件の設定

③ ［データ］→［分析］にある［データ分析］†をクリックすると現れるダイアログボックスの中で，［回帰分析］を選択し［OK］を押す。

④ ［入力 Y 範囲］では目的変数となる発生交通量のデータが入力されている範囲を変数名を含めて指定し，［ラベル］にチェックを入れる。［入力 X 範囲］では説明変数の候補を指定するが，本例では変数減少法による変数選択を行うこととし，就業者数，世帯数，学生数，自動車台数の全候補のデータを分析対象とする（**図4.15**）。

⑤ ［新規ワークシート］を選択すると，分析後に結果表示用のワークシートが作成される。また，［残差グラフの作成］にチェックを入れ［OK］を押す。

〔3〕 **分析結果**（**1回目**） 以上の手順を踏むと**図4.16** のような分析結果が出力される。

（1） **決定係数の評価** ［分散分析表］の［観測された分散比］にある

---

† 初めて「データ分析」機能を使用する際には，「ソルバー」機能と同様にアドインの設定が必要である。

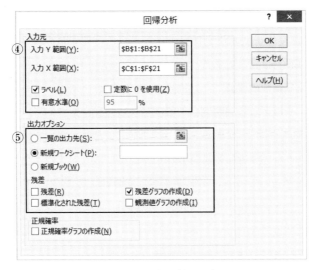

図 4.15 回帰分析の設定

	A	B	C	D	E	F	G	H	I
1	概要								
2									
3		回帰統計							
4	重相関 R	0.9150775							
5	重決定 R2	0.8373669							
6	補正 R2	0.793998							
7	標準誤差	181.87098							
8	観測数	20							
9									
10	分散分析表								
11		自由度	変動	分散	観測された分散比	有意 F			
12	回帰	4	2554611.1	638652.79	19.308031	8.835E-06			
13	残差	15	496155.81	33077.054					
14	合計	19	3050767						
15									
16		係数	標準誤差	t	P-値	下限 95%	上限 95%	下限 95.0%	上限 95.0%
17	切片	350.23347	185.23509	1.8907512	0.0781337	-44.58577	745.05272	-44.58577	745.05272
18	就業者数	0.8384987	0.480432	1.7453015	0.1013772	-0.185518	1.8625152	-0.185518	1.8625152
19	世帯数	-0.614147	0.4385955	-1.400258	0.1817802	-1.548991	0.3206972	-1.548991	0.3206972
20	学生数	0.2591827	0.2305247	1.1243163	0.2785498	-0.232169	0.7505346	-0.232169	0.7505346
21	自動車台数	0.3462783	0.0735705	4.7067519	0.000281	0.1894664	0.5030902	0.1894664	0.5030902

図 4.16 重回帰分析の結果（1 回目）

19.308 は，決定係数の検定で用いる F 値に相当し，［有意 F］は F 分布における右側確率である。右側確率は 8.835×10^{-6} と非常に低く，決定係数が十分に有意であることが確認できる。［回帰統計］の［重相関 R］というのは目的変数の実績値と理論値との相関を表す**重相関係数**（multiple correlation

coefficient）である。［重決定 R2]†は自由度が修正されていない決定係数，［補
正 R2］は自由度修正済み決定係数である。自由度修正済み決定係数は 0.794
であてはまり具合は良好である。

（2）　**多重共線性の確認**　　［係数］にある値は，［切片］がモデル式におけ
る定数項で，その下が各説明変数の偏回帰係数の推定値である。ここで，世帯
数の係数が負であることに着目したい。通常，世帯数と発生交通量には正の相
関が考えられるが，分析結果は負の係数となっており，このような場合はまず
多重共線性が存在していることを疑うべきである。ここで，［データ分析］ダ
イアログボックスを再度開き，［相関］を選択して図 4.14 の変数部分をデータ
範囲として相関分析を行うと，**図 4.17** のように変数間の単相関係数が出力さ
れる。世帯数と発生交通量との間には 0.732 と強い正の相関が確認できること
に加え，説明変数どうしの相関係数では就業者数と世帯数の間に 0.994 という
非常に強い相関があり，これにより多重共線性が生じていると考えられる。し
たがって，分析データから世帯数を除外して再度重回帰分析を行う。

	A	B	C	D	E	F
1		発生交通量y	就業者数x1	世帯数x2	学生数x3	自動車台数x4
2	発生交通量y	1				
3	就業者数x1	0.752530616	1			
4	世帯数x2	0.732174257	0.993835711	1		
5	学生数x3	0.378138412	0.345138516	0.325501152	1	
6	自動車台数x4	0.831142435	0.591409872	0.592553596	0.177043558	1

図 4.17　変数間の単相関係数

〔4〕　**分析結果（2回目）**　　説明変数の候補から世帯数を除いて重回帰分
析を同様に行うと，**図 4.18** のような分析結果が出力される。

（1）　**決定係数の評価**　　［有意 F］が 3.993×10^{-6} であることより決定係
数は十分有意であり，［補正 R2］は 0.782 と高い。

（2）　**多重共線性の確認**　　目的変数との単相関係数と偏回帰係数の整合
性，説明変数間の相関に問題はない（単相関係数の結果は省略）。

---

†　結果概要には「重決定」と記されているが，「重決定係数」などといった統計用語は
　　存在しない。このように Excel 独特の言い回しが本分析のほかにも散見されるため留
　　意が必要である。

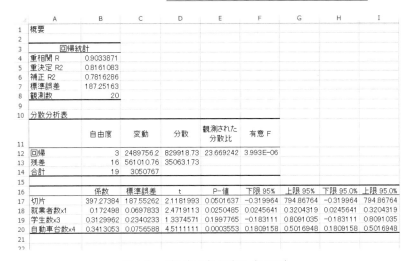

図 4.18　重回帰分析の結果（2 回目）

（3）　偏回帰係数と定数項の検定　　偏回帰変数と定数項の検定のためのセルを［t］の右側に作成し（セルの挿入），t 値を 2 乗した F 値を求める（**図4.19**）。学生数は F 値が 2.0 より小さいことから係数が有意でない，つまり「学生数の母係数の値が実は 0 で，0.313 という係数はたまたま計算された結果に過ぎない」という仮説を棄却できない（4.4.1 項ならびに 4.5.4 項参照）。したがって，学生数を除外して再度重回帰分析を行う。

	係数	標準誤差	t	F値	P-値	下限 95%	上限 95%	下限 95.0%	上限 95.0%
切片	397.27384	187.55262	2.1181993	4.4867683	0.0501637	−0.319964	794.86764	−0.319964	794.8676
就業者数x1	0.172498	0.0697833	2.4719113	6.1103453	0.0250485	0.0245641	0.3204319	0.0245641	0.320432
学生数x3	0.3129962	0.2340233	1.3374571	1.7887915	0.1997765	−0.183111	0.8091035	−0.183111	0.809104
自動車台数x4	0.3413053	0.0756588	4.5111111	20.350123	0.0003553	0.1809158	0.5016948	0.1809158	0.501695

図 4.19　偏回帰係数の F 値の出力

〔5〕　分析結果（3 回目）　　説明変数の候補から世帯数，学生数を除いて重回帰分析を同様に行い，係数と定数項の F 値を求めると**図 4.20** のようになる。

（1）　決定係数の評価　　［有意 F］が 1.380×10^{-6} であることより決定係数は十分有意であり，［補正 R2］は 0.771 と高い。

	A	B	C	D	E	F	G	H	I	J
1	概要									
2										
3		回帰統計								
4	重相関 R	0.8919357								
5	重決定 R2	0.7955493								
6	補正 R2	0.7714963								
7	標準誤差	191.54656								
8	観測数	20								
9										
10	分散分析表									
11		自由度	変動	分散	観測された分散比	有意 F				
12	回帰	2	2427035.5	1213517.7	33.074813	1.38E-06				
13	残差	17	623731.47	36690.087						
14	合計	19	3050767							
15										
16		係数	標準誤差	t	F値	P-値	下限 95%	上限 95%	下限 95.0%	上限 95.0%
17	切片	600.88118	112.05986	5.3621445	28.752593	5.174E-05	364.45553	837.30683	364.45553	837.3068
18	就業者数x1	0.2007732	0.0680292	2.9512796	8.7100515	0.0089351	0.0572441	0.3443023	0.0572441	0.344302
19	自動車台数x4	0.3376853	0.0773446	4.365982	19.061799	0.0004208	0.1745024	0.5008682	0.1745024	0.500868

図 4.20　重回帰分析の結果（3回目）

（2）　**多重共線性の確認**　目的変数との単相関係数と偏回帰係数の整合性，説明変数間の相関に問題はない（単相関係数の結果は省略）。

（3）　**偏回帰係数と定数項の検定**　算出された F 値はいずれも 2.0 より大きいため，係数と定数項は統計的に有意である。

（4）　**残差の分析**　回帰分析では，残差（目的変数の実績値と理論値の差）について以下の前提がある。

①　残差の分布は説明変数の値の大小によらず一定である（独立性）。

②　残差の分散は互いに等しく，正規分布に従う（等分散性，正規性）。

分析ツールを実行すると，［残差グラフ］が各説明変数について出力されるが，これを用いて残差が説明変数の値に関係なく分布しているかを確認することで視覚的に妥当性を判断することができる。もしここで，残差に単調増加や曲線的,周期的な変化といった一定の傾向が認められれば,目的変数の変動に重要な影響を与える変数を見落としていたり，そもそも線形回帰モデルを仮定することに問題がある可能性が高く,再検討を要することとなる。

4.6.2　重回帰モデルによる予測と影響度評価

〔1〕　**重回帰モデル式と予測**　以上の分析手順を経て，都市 B のゾーンにおける自動車による通勤通学交通について重回帰モデル式がつぎのように定

まる。

$$y = 0.201x_1 + 0.338x_4 + 601 \tag{4.31}$$

ここに，y：発生交通量〔トリップ〕

x_1：就業者数〔人〕，x_4：自家用車保有台数〔台〕

このモデル式より，各ゾーンの将来の発生交通量は，将来の就業者数と自家用車保有台数が推計されると予測することができる。ただし，モデルによる予測の際には，説明変数の定義域に基づいて適切な将来値を用いなければならない。式（4.31）のモデル式は，表 4.4 によれば，就業者数が 700 〜 3 500 人，自家用車保有台数が 500 〜 3 200 台のデータから求められたものであるため，例えば就業者数 1 500 人，自家用車保有台数 2 000 台といったケースには予測が可能であるが，大規模な団地を抱え就業者が 1 万人レベルで居住するゾーンについて予測値を算出してもその結果にはいささか疑問があると言わざるを得ない。「就業者 1 万人」のように，モデル推定で使用したデータの定義域から外れた値を適用することを**外挿**（extrapolation）といい，無意味な予測とならぬよう慎重に吟味しなければならない。

〔2〕　**標準偏回帰係数による影響度評価**　　式（4.31）より，発生交通量はゾーンの就業者数が 1 人増えると 0.201 トリップ増加し，自家用車保有台数が 1 台増えると 0.338 トリップ増加することがわかる。ただし，どちらのほうが目的変数への影響が強い要因であるのかは標準偏回帰係数により評価しなくてはならない。標準偏回帰係数 a'_1，a'_4 は式（4.26）で求められ，あらかじめ算出した標準偏差 s_1，s_4，s_y（図 4.14 参照）を用いると以下のとおりとなる。

$$a'_1 = a_1 \times \frac{s_1}{s_y} = 0.201 \times \frac{801}{401} = 0.401$$

$$a'_4 = a_4 \times \frac{s_4}{s_y} = 0.338 \times \frac{705}{401} = 0.594 \tag{4.32}$$

これより，$a'_1 < a'_4$ であるため，自家用車保有台数のほうが発生交通量へ与える影響度がより強いことが判明した。

演 習 問 題

【1】 ある国における交通事故発生状況を把握するため，地域別に人口100万人あた
りの人身事故死者数を調べることとした。ここで，死者数に影響を与えるものとし
て，「自動車走行台キロ」「取締り件数」「事業所数」「高齢者割合」「100人あたり
自動車保有台数」を想定し，各指標値をまとめたところ**表4.5**のとおりとなった。
これらのデータから重回帰分析によって，死者数へ与える影響要素とその度合いを
検討したい。

表4.5　地域別の人身事故死者数と各指標値

地域	100万人あたり死者数〔人〕	自動車走行台キロ〔万台・km〕	取締り件数〔千件〕	事業所数〔千事業所〕	高齢者割合〔%〕	100人あたり自動車保有台数〔台〕
A	61.9	4 189	378	46.7	23	66.52
B	57.6	4 035	392	32.9	43	52.17
C	49.0	3 580	364	52.4	39	55.65
D	83.3	4 942	504	53.6	38	76.52
E	65.2	5 148	665	57.1	54	99.13
F	46.2	3 752	462	37.6	41	55.65
G	50.0	4 659	616	26.0	58	64.35
H	52.4	4 120	602	31.5	62	75.22
I	29.5	3 701	483	34.5	33	58.70
J	51.4	4 197	630	41.8	22	31.30
K	35.7	3 778	567	32.7	29	60.00
L	49.0	3 565	546	53.2	33	55.65
M	31.0	3 881	651	39.2	39	37.83
N	36.7	3 590	644	40.0	50	66.96

（1） 変数減少法によって適切な説明変数を選択して重回帰式を作成し，モデル式
の精度について検討しなさい。

（2） 選択された説明変数の影響度について考察しなさい。

（3） 死者数が判明していない国内の別の地域Ｏにおいて，自動車走行台キロ
3 673〔万台・km〕，取締り件数643〔千件〕，事業所数46.7〔千事業所〕，高齢
者割合34〔%〕，100人あたり自動車保有台数58.33〔台〕であるとすると，重
回帰モデルを適用した場合に推計される100万人あたり死者数を求めなさい。

コラム：見せかけの回帰

　回帰分析（4章）は土木・交通分野にとどまらず，さまざまな分野で用いられている有名な多変量解析手法の一つである。回帰分析は研究目的だけでなく，実務レベルでの利用実績も多い。広く利用されていることもあり，回帰分析の不適切な利用例もしばしば見受けられる。その最たる例の一つに，「見せかけの回帰（spurious regression）」がある。

　「見せかけの回帰」は時系列データに限った話ではないものの，時系列データを分析する際に，特に注意が必要な問題である。定義としては，統計的に互いに独立な二つ以上の時系列変数について回帰分析を実施し，統計的に有意な係数を推定してしまう問題のことである。

　例えば，**図1**に示す2000〜2015年の「日本の交通事故による死者数」と「中国の実質GDP」の推移をみてみる。「日本の交通事故による死者数」を目的変数，「中国の実質GDP」を説明変数として単回帰分析を実施すると，自由度補正済み決定係数R^2は0.89（GDPの係数のt値も99％信頼区間で有意）となり，非常に説明力の高いモデルを導出できる。また，両データの相関係数（3章）も-0.95と非常に強い負の相関を有していることがわかる。この結果は統計的にはよさそうであるが，本当に両変数の間に因果関係は存在するだろうか。

　読者はすでにおわかりと思うが，両変数の間にはなんの関係も存在しない。日本の交通事故死者数は中国の経済状況とは無関係であるが，統計的にはあたかも因果関係があるかのような結果が得られた。これが「見せかけの回帰」である。

　時系列データを用いて回帰分析を実施する際には，「見せかけの回帰」を回避するために時系列データの「定常性」を単位根検定などで確認するなど，さまざまな統計的処理が必要である。

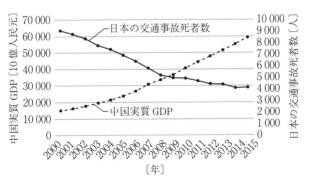

図1　「日本の交通事故による死者数」と
　　　　「中国の実質GDP」の推移

5

ロジスティック回帰分析

　回帰分析の応用として，ロジスティック回帰分析を学ぶ。4 章の回帰分析の予測対象は「発生交通量」などの量的変数であったが，「バスを利用する・しない」などのように，予測対象が質的変数のとき，ロジスティック回帰分析を用いる。説明変数から目的変数を説明するという基本的な考え方は 4 章の回帰分析と同じである。ロジスティック回帰分析では，「予測対象が 0 〜 1 の確率として表現される」ことに加え，「パラメータ推定の方法」が通常の回帰分析とおもに異なる。

5.1　基本的な概念と位置づけ

　4 章で学んだ回帰分析では，予測対象である目的変数のデータ形式[†1] は「発生交通量（単位：トリップ）」などの量的変数であった。しかしながら，土木・交通計画分野では，予測対象になり得るのは量的変数だけではない。例えば，「バスを利用するか否か (1, 0)」という 2 値[†2] の質的変数を予測したい場合がある。そのとき，目的変数となる「1」と「0」の値そのものを説明するモデルを構築するのではなく，**目的変数が 1 となる確率（ある事象の生起の有無）** を説明するモデルを構築するのである。このような回帰分析を**ロジスティック回帰分析**（logistic regression analysis）という。目的変数の例としては，以下が挙げられる。

- ・特急を利用する，しない
- ・ある都市計画の政策に賛成，反対
- ・クルーズ客船観光をリピートする，しない　　　など

ロジスティック回帰分析では，**回帰モデル式のパラメータの推定方法が 4 章**

---

† 1　データ形式については 2 章を参照。
† 2　「利用する，しない」という目的変数は「1, 0」という離散の代理変数（ダミー変数）で表すことができる。ダミー変数については 2 章を参照。

の回帰分析とは異なることに注意が必要である。なお，説明変数が二つ以上の場合は**多重ロジスティック回帰分析**（multivariate logistic regression analysis）という。

　ロジスティック回帰分析の基本的な考え方は4章の回帰分析と同様で，説明変数から目的変数を説明するものである。回帰分析（ロジスティック回帰分析を含む）では，「人口」，「就業者数」，「自家用車保有台数」などの説明変数（原因）が，「将来の交通需要」である目的変数（結果）にどのような影響を与えるのか，その因果関係を分析する。ただし，パラメータ推定の方法が4章の回帰分析とは異なる。4章では最小二乗法を用いてパラメータの推定を行ったが，ロジスティック回帰分析では最尤法と呼ばれる手法を用いる。

　ロジスティック回帰分析を適用しなければならない場面で，最小二乗法を適用してしまう誤りが初学者に多く見受けられる。目的変数が「1」，「0」の場合にSPSSなどの多変量解析ソフトを用いて最小二乗法により回帰分析を実施すると，適切そうにみえる結果が得られる。しかしながら4章で述べたように，通常の回帰分析では目的変数が正規分布に従うと仮定されている。ロジスティック回帰分析で用いる目的変数は質的変数（名義尺度）の1，0で表現されるため，正規分布に従うことはない。そのため，目的変数が1，0のときに最小二乗法を適用するのは誤りである。

5.2　回帰式の当てはめ

5.2.1　ロジスティック回帰曲線

　ある都市における自宅から最寄り鉄道駅までの「自転車利用の有無」と「距離」に関する12名を対象にしたアンケート調査結果を用いて，ロジスティック回帰分析について考えていこう。「自転車利用の有無」が目的変数，「距離」が説明変数となる。アンケート調査の結果は**表5.1**に示すとおりである。このデータについて縦軸を「自転車利用の有無」，横軸を「鉄道駅までの距離」とした散布図を**図5.1**に示す。

　図5.1の散布図を見ると，4章の図4.2のような最小二乗法による回帰直線

表5.1　自宅から最寄り鉄道駅までの「自転車利用の有無」と「距離」

個人番号	自転車利用の有無（あり＝1，なし＝0）	鉄道駅までの距離〔m〕	個人番号	自転車利用の有無（あり＝1，なし＝0）	鉄道駅までの距離〔m〕
1	1	560	7	0	450
2	0	310	8	1	620
3	1	430	9	0	440
4	1	470	10	1	570
5	0	450	11	0	510
6	0	280	12	0	430

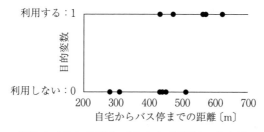

図5.1　「自転車利用の有無」と「距離」の散布図

の挿入は不適切であることが理解できる。**図5.2**のように無理矢理に直線を当てはめた場合，「距離」が非常に短い（長い）場合，自転車を利用する確率が負（1以上）になってしまうためである。仮に，自転車を利用する確率（理論値）$\hat{y}$が$\hat{y}<0$または$\hat{y}>1$となった場合，モデルの解釈は不可能である。

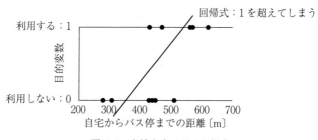

図5.2　直線を当てはめた場合

　自転車を利用する，しないという「1」，「0」の目的変数を取り扱う場合は，**図5.3**に示すようなS字型の曲線を当てはめ，自転車を利用する確率を0～1

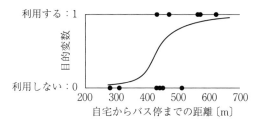

図5.3 シグモイド曲線を当てはめた場合

に収める必要がある。このような曲線を**シグモイド曲線**（sigmoid curve）という。シグモイド曲線では，$p=0.5$ のときが曲線の変曲点となる。シグモイド曲線は式（5.1）のように定義され，この式を**ロジスティック回帰式**（logistic regression function）と呼ぶ[†]。

$$p = \frac{e^{ax+b}}{1+e^{ax+b}} \tag{5.1}$$

p は自転車利用の有無の確率であり，x は説明変数（この場合は自宅から鉄道駅までの距離）である。a と b は未知パラメータであり，何らかの方法で推定する必要がある。説明変数（ここでは x）が二つ以上の多重ロジスティック回帰では，$ax+b$ が $a_1x_1+a_2x_2+\cdots+a_nx_n+b$ となる。

5.2.2 オ ッ ズ

ロジスティック回帰式の導出には，**オッズ**（odds）の考え方が背景にある。オッズとは，「ある事象が生起する確率と生起しない確率の比」である。自転車を利用する確率を p，利用しない確率を $1-p$ とすると，自転車利用の有無に関するオッズは式（5.2）のようになる。

$$\text{オッズ} = \frac{p}{1-p} \tag{5.2}$$

式5.2より，自転車の利用確率が高い（低い）とオッズの値は大きく（小さく）なる性質があることがわかる。また，バスを利用する確率が0.5のとき（つまりバスを利用する確率と利用しない確率が50％ずつのとき），オッズは1となる。ロジスティック回帰分析では，式（5.2）のオッズに対数を取った**対**

[†] この式の導出方法は5.2.2項で説明する。

数オッズ（logarithm odds）により予測式を導出する。自転車利用の有無に関する対数オッズを式 (5.3) に示す。

$$\text{対数オッズ} = \log\frac{p}{1-p} \qquad\qquad (5.3)$$

対数オッズについても，バスを利用する確率が高い（低い）ほど大きな（小さな）値となることが式 (5.3) よりわかるが，オッズと対数オッズが大きく異なる点は，自転車を利用する確率が100％である（0％である）場合，対数オッズは正の（負の）無限大となることである。つまり，オッズを対数オッズに変換する処置により，バスを利用する確率が正の無限大から負の無限大の値を取るようにしているのである。

ロジスティック回帰分析では，「自転車を利用する確率 (p)」を「鉄道駅までの距離 (x)」により説明する場合，式 (5.4) を得る必要がある。

$$\log\frac{p}{1-p} = ax + b \qquad\qquad (5.4)$$

式 (5.4) を p について解くと，式 (5.1) のロジスティック回帰式が得られる（式 (5.1) は再掲）。なお，e は自然対数の底であり，2.718…という値である。

$$p = \frac{e^{ax+b}}{1 + e^{ax+b}} \qquad\qquad (5.1：再掲)$$

5.2.3　最尤法によるモデルパラメータの算出

式 (5.1) のロジスティック回帰式に含まれる未知パラメータ a と b の推定では，「自転車の利用有無」と「鉄道駅までの距離」の関係を表す最もあてはまりのよい値を求める必要がある。この考え方は4章の回帰分析と同様であるが，ロジスティック回帰分析では最小二乗法ではなく，**最尤法**（maximum likelihood method）というアルゴリズムを用いる点が異なる。最尤法とは，尤もらしさの度合いを表す**尤度**（likelihood）を最大にしてパラメータを推定する方法と定義される。つまり，実際に自転車を利用していた人（していない人）のモデルによる予測値を 1(0) に最大限近づけることにより，未知パラメータは推定される。

表5.1に示す個人番号1の人は，鉄道駅までの距離が560 m で自転車を利

用しているため，自転車を利用する確率 p_1 は以下のように表される。

$$p_1 = \frac{e^{a \times 560 + b}}{1 + e^{a \times 560 + b}}$$

個人番号 2 の人は鉄道駅までの距離が 310 m で自転車を利用していないため，自転車を利用しない確率 $(1 - p_2)$ は以下のように表される。

$$1 - p_2 = \frac{e^{a \times 310 + b}}{1 + e^{a \times 310 + b}}$$

p_i は 0 〜 1 の値を取り，最大限 1 に近くなる未知パラメータ（a と b）を推定する。それにより，実際に自転車を利用している個人番号 1 の人が自転車を利用する確率 p_1（理論値）は 1 に近づき，実際に自転車を利用していない個人番号 2 の人の自転車を利用しない確率 $1 - p_2$ も 1 に近づけることができる。

つまり，$p_1 \times 1 - p_2$ を最大化する a, b を求めればよいことがわかる。これを尤度関数といい，この尤度が最大となるような a, b を推定することを最尤法という。実際には，尤度に対数をとった**対数尤度**（log likelihood）を足し合わせた**対数尤度関数**（maximum likelihood function）を最大化して未知パラメータを推定する。

ここで，個人 i は自転車を利用する，利用しないのいずれかの状態をとるため，それらの状態 Y_i を以下のように定義する。

$$Y_i = \begin{cases} 1 & \text{個人 } i \text{ が実際に自転車を利用する場合} \\ 0 & \text{個人 } i \text{ が実際に自転車を利用しない場合} \end{cases}$$

このとき，個人 i が自転車を利用する確率 p_i に関する尤度関数 L は式 (5.5) のように表される。

$$L = \prod_{i=1}^{n} p_i^{Y_i}(1 - p_i)^{1 - Y_i} \tag{5.5}$$

尤度関数 L に対数をとると，対数尤度関数 $\log L$ となり，式 (5.6) のように表される。

$$\log L = \log\left(\prod_{i=1}^{n} p_i^{Y_i}(1 - p_i)^{1 - Y_i}\right) = \sum_{i=1}^{n}(Y_i \log p_i + (1 - Y_i)\log(1 - p_i)) \tag{5.6}$$

尤度関数に対数をとった理由は，式 (5.6) に示すように個人の自転車利用

確率（もしくは非利用確率）の和に変換することで，計算上の便宜を図るためである。未知パラメータ a と b は，この対数尤度関数 $\log L$ を最大にすることにより決定される。

5.3 Excel によるロジスティック回帰分析の実践

Excel を用いたロジスティック回帰分析を実践する。4章の最小二乗法を用いた回帰分析では，Excel の「データ分析」機能を用いて回帰分析を簡便に実施することができた。しかしながら，ロジスティック回帰分析を実施する機能は Excel には標準で備わっていないため，「セル計算」と「ソルバー機能」を用いて分析を行う。なお，ロジスティック回帰分析を Excel で実施することは稀で，SPSS や R などのソフトウェアを用いることが一般的であるが，ここではロジスティック回帰分析の理解を深めるために Excel での分析を実践する。

分析例として，「ある地方都市におけるデマンド型乗合タクシー（DRT）の利用意向の有無」を説明する多重ロジスティック回帰モデルを構築することを考える。DRT の導入を検討しているある地方都市で無作為抽出された15名を対象にアンケート調査を実施して，「DRT の利用意向」，「年齢」，「世帯収入」が**表5.2**のように得られた。なお，個人番号16の人については年齢と世帯収入の情報のみ得られ，DRT 利用意向は聞かなかった。個人番号1〜15のデー

表5.2　ある地方都市における DRT の利用意向の有無と年齢

個人番号	DRT 利用意向 (1＝利用意向あり 0＝なし)	年齢	世帯収入〔万円／年〕	個人番号	DRT 利用意向 (1＝利用意向あり 0＝なし)	年齢	世帯収入〔万円／年〕
1	1	56	573	9	0	44	658
2	1	43	673	10	1	57	523
3	0	31	327	11	0	51	630
4	1	47	491	12	0	43	736
5	0	45	764	13	1	66	344
6	0	28	352	14	1	59	484
7	0	45	535	15	0	43	490
8	1	62	512	16	?	40	534

タを用いて DRT 利用意向の有無を説明するモデルを構築し，個人番号 16 の人の DRT 利用意向の確率を求めるにはどうすればよいだろうか。

〔**1**〕　**分析データの入力と回帰係数の初期値の設定**　　まずは分析の準備として，分析データの Excel への入力と回帰係数の初期値の設定をつぎのように行う。

① 基データとなる表 5.2 の値を A ～ D 列に入力する（**図 5.4** 参照）。

② 回帰式（E 列）と回帰係数（C20，D20，E20 セル）を入力する。

E 列には各個人の回帰式（$a_1 x_1 + a_2 x_2 + b$）を入力する。

（例）　個人番号 1（2 行）の回帰式は E2 セルに〔=\$C\$20*C2+\$D\$20*D2+\$E\$20〕と入力。

	A	B	C	D	E
1	個人番号	DRT 利用意向 [1=利用意向あり、0=なし]	年齢	世帯収入 [万円/年]	$a_1 x_1 + a_2 x_2 + b$
2	1	1	56	573	0
3	2	1	43	673	0
4	3	0	31	327	0
5	4	1	47	491	0
6	5	0	45	764	0
7	6	0	28	352	0
8	7	0	45	535	0
9	8	1	62	512	0
10	9	0	44	658	0
11	10	1	57	523	0
12	11	0	51	630	0
13	12	0	43	736	0
14	13	0	66	344	0
15	14	1	59	484	0
16	15	0	43	490	0
17	16	?	40	534	0
18					
19			a_1	a_2	b
20			0	0	0

図 5.4　分析データの準備

回帰式の未知パラメータ a_1，a_2，b は任意のセルに設定しておく（ここではそれぞれ C20，D20，E20 セル）。ロジスティック回帰分析における回帰係数の推定では最尤法を用いるため，ソルバーによる繰り返し計算が必要になる。現時点での回帰係数は初期値として適当に設定しておけばよいため，ひとまずすべて 0 としておく。なお，初期値は 0 でなくても計算可能である。

〔**2**〕　**尤度と対数尤度の計算**　　回帰係数の推定のため，以下の手順により図 5.5 のように Excel シートを準備する。

No.	DRT利用意向 [1=利用意向あり、0=なし]	年齢：x_1	世帯収入：x_2 [万円/年]	$a_1x_1+a_2x_2+b$	exp(a_1x_1+ a_2x_2+b)	p	1-p	L	logL
1	1	56	573	0	1	0.5	0.5	0.5	-0.693147181
2	1	43	673	0	1	0.5	0.5	0.5	-0.693147181
3	0	31	327	0	1	0.5	0.5	0.5	-0.693147181
4	1	47	491	0	1	0.5	0.5	0.5	-0.693147181
5	0	45	764	0	1	0.5	0.5	0.5	-0.693147181
6	0	28	352	0	1	0.5	0.5	0.5	-0.693147181
7	0	45	535	0	1	0.5	0.5	0.5	-0.693147181
8	1	62	512	0	1	0.5	0.5	0.5	-0.693147181
9	0	44	658	0	1	0.5	0.5	0.5	-0.693147181
10	1	57	523	0	1	0.5	0.5	0.5	-0.693147181
11	0	51	630	0	1	0.5	0.5	0.5	-0.693147181
12	0	43	736	0	1	0.5	0.5	0.5	-0.693147181
13	1	66	344	0	1	0.5	0.5	0.5	-0.693147181
14	1	59	484	0	1	0.5	0.5	0.5	-0.693147181
15	0	43	490	0	1	0.5	0.5	0.5	-0.693147181
16	?	40	534	0	1	0.5			
	a_1	a_2	b						合計
	0	0	0						-10.39720771

図5.5 尤度と対数尤度の計算準備

① $e^{a_1x_1+a_2x_2+b}$ を計算する。

（例）　F2 セルに［=EXP(E2)］と入力。

② DRT を利用する確率$p=\dfrac{e^{a_1x_1+a_2x_2+b}}{1+e^{a_1x_1+a_2x_2+b}}$ を計算する。

（例）　G2 セルに［=F2/(1+F2)］と入力。

③ DRT を利用しない確率 $1-p$ を計算する。

（例）　H2 セルに［=1-G2］と入力。

④ I 列で尤度 L を計算するため，目的変数である「DRT を利用する意向がある場合（B 列が 1 である場合）」は G 列の p，「DRT の利用意向がない場合（B 列が 0 である場合）」は H 列の $1-p$ を返すようにする。

（例）　I2 セルに［=IF(B2=1,G2,H2)］と入力。個人番号 1 の人は B 列が 1 で DRT 利用意向があるため，G2 セルの値である 0.887… が得られる。

⑤ 対数尤度 $\log L$ を計算する。

（例）　J2 セルに［=LN(I2)］と入力。

⑥ 個人番号 2 ～ 15 について同様の計算を実施する。

（例）　E3 ～ J15 に E2 ～ J2 の関数をフィルハンドルによりコピー。

⑦ 対数尤度 $\log L$ の合計値を計算する。

（例）　J20 セルに［=SUM(J2:J16)］と入力。

この対数尤度を最大にする a_1, a_2, b を推定すればパラメータを推定することができる。以上の設定により，尤度と対数尤度の計算の準備が完了する。

〔3〕　**回帰係数の推定**　　4章でも用いた Excel のソルバー機能により，対数尤度を最大にする回帰係数を推定する。手順は以下のとおりである。

①［ソルバーのパラメータ］の設定　　**図5.6** に示す［ソルバーのパラメータ］ダイヤログボックスの［目的セルの設定］で，最大化の対象である対数尤度が計算されている J20 セルを指定する。［変数セルの変更］には対数尤度を最大化するために変化させるパラメータを選択する。ここでは回帰係数である a_1, a_2, b を変化させて対数尤度を最大化するため，C20 〜 E20 を入力する。［解決方法の選択］では，「GRG 非線形」を選択する。以上の入力後，［解決］ボタンをクリックする。

図5.6　［ソルバーのパラメータ］ダイヤログボックス

② **図5.7**に示す［探索結果］のダイヤログボックスが表示されるので，［解を記入する］を選択して OK ボタンをクリックし，終了。

以上の手順を踏むと，**図5.8**に示すような計算結果が表示される。

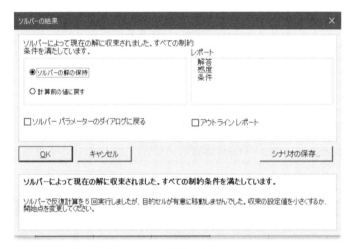

図5.7　［ソルバーの結果］ダイヤログボックス

No.	DRT利用意向 [1=利用意向あり、0=なし]	年齢:x_1	世帯収入:x_2 [万円/年]	$a_1 x_1 + a_2 x_2 + b$	exp($a_1 x_1 + a_2 x_2 + b$)	p	1-p	L	logL	
1	1	56	573	2.070055939	7.925266437	0.887958527	0.112041473	0.887958527	-0.118830241	
2	1	43	673	-2.017747638	0.13295459	0.117352091	0.882647909	0.117352091	-2.142576539	
3	0	31	327	-3.417631264	0.032790014	0.031748965	0.968251035	0.968251035	-0.032263892	
4	1	47	491	0.058965587	1.060738737	0.514737127	0.485262873	0.514737127	-0.664098942	
5	0	45	764	-1.964936542	0.140164781	0.122933793	0.877066207	0.877066207	-0.131172797	
6	0	28	352	-4.371384176	0.012633741	0.012476121	0.987523879	0.987523879	-0.01255460 1	
7	0	45	535	-0.724882018	0.484381714	0.326318836	0.673681164	0.673681164	-0.394998331	
8	1	62	512	4.037127702	56.66335478	0.982657964	0.017342036	0.982657964	-0.017494171	
9	0	44	658	-1.683729432	0.18943119	0.159262	0.840738	0.840738	-0.173475202	
10	1	57	523	2.613602129	13.64812472	0.931731876	0.068268124	0.931731876	-0.070710193	
11	0	51	630	0.397436444	1.48800522	0.598071583	0.401928417	0.401928417	-0.911481273	
12	0	43	736	-2.358898009	0.094524331	0.086361105	0.913638895	0.913638895	-0.090319868	
13	1	66	344	6.038029732	419.0665477	0.997619425	0.002380575	0.997619425	-0.002383413	
14	1	59	484	3.370374308	29.08941341	0.96676572	0.03323428	0.96676572	-0.033799088	
15	0	43	490	-1.026787036	0.358155806	0.263707478	0.736292522	0.736292522	-0.306127791	
16	?	40	534	-2.063426568	0.124502863	0.110718138				

| | | a_1 | a_2 | b | | | | | 合計 | |
| | | 0.272791927 | -0.005415065 | -10.10344812 | | | | | -5.102286342 | |

| | | | | | | | | | 尤度比 | p値 |
| | | | | | | | | | 43.79419126 | 3.64786E-11 |

図5.8　最尤法によるパラメータ推定の結果

図5.8より，以下のようなモデル式を得られたことがわかる。

$$p = \frac{e^{0.273x_1 - 0.005x_2 - 10.103}}{1 + e^{0.273x_1 - 0.005x_2 - 10.103}}$$

G 列は，上のモデル式から得られた「個人が DRT を利用する意向がある確率

の理論値」である。例えば，個人番号 1 の p は 0.89 となっている。これは 56 歳で世帯収入が 573 万円の人が DRT を利用する確率が 0.89 であることを示している。

「年齢」の偏回帰係数は 0.273 であるため，世帯収入が一定と仮定すると，年齢が 1 歳上がると対数オッズ比が 0.273 増加することになる。これはあくまでも対数オッズ比への影響であるため，オッズ比への影響を考察するために回帰係数の指数を計算すると $e^{0.273} = 1.314$ と計算される。ここでは年齢以外は一定と仮定していることから，これは調整済みオッズ比と呼ばれる。同様に世帯収入についても調整済みオッズ比を計算すると，$e^{-0.005} = 0.995$ となり，DRT 利用意向に与える影響は「年齢」のほうが高いことがわかる。

〔4〕　**尤度比検定**　　導出したモデル式について，4 章の回帰分析と同様に統計的検定を実施して，得られたパラメータがたまたま推定されたものでないか確認する。ここでは，**尤度比検定**（likelihood ratio test）によりモデルの妥当性を判断する方法を紹介する。尤度比検定では，「尤度比検定量」と「p 値」を求める必要がある。尤度比検定量 L_0 は式 (5.7) により求められる。

$$L_0 = 2\{\log L_{\max} - n_1 \log n_1 - n_0 \log n_0 + (n_0 + n_1)\log(n_0 + n_1)\} \qquad (5.7)$$

n_1，n_0 はそれぞれ DRT の利用意向がある個人とない個人のサンプルサイズである。$\log L_{\max}$ は対数尤度の最大値を示しており，ソルバー機能により最大化された値を用いる（J20 セル）。実際に尤度比検定量を計算すると，以下のように算出される（J23 セル）。

$$L_0 = 2\{-5.10 - 7\log 7 - 8\log 8 + (7+8)\log(7+8)\} = 10.523$$

つぎに，p 値を任意のセル（ここでは K23 セル）で計算する。p 値は Excel の CHIDIST 関数で簡単に求めることができる。CHIDIST 関数は尤度比検定量（J23 セル）と自由度を引数とする。自由度 df は変数の数 $m-1$ であるため，K23 セルに「=CHIDIST(J23,1)」と入力することにより p 値は算出される。実際に計算すると，**図 5.9** に示すように $p = 0.0012$ となる。

p 値が 0.05 以下であるため，このモデルは 5 % 有意水準で DRT 利用経験の

	No.	DRT利用意向 [1=利用意向あり、0=なし]	年齢：x_1	世帯収入：x_2 [万円/年]	$a_1x_1+a_2x_2+b$	exp(a_1x_1+ a_2x_2+b)	p	1-p	L	logL	
2	1	1	56	573	2.070055939	7.925266437	0.887958527	0.112041473	0.887958527	-0.118830241	
3	2	1	43	673	-2.017747638	0.13295459	0.117352091	0.882647909	0.117352091	-2.142576539	
4	3	0	31	327	-3.417631264	0.032790014	0.031748965	0.968251035	0.968251035	-0.032263892	
5	4	1	47	491	0.058965587	1.060738737	0.514737127	0.485262873	0.514737127	-0.664098942	
6	5	0	45	764	-1.964936542	0.140164781	0.122933793	0.877066207	0.877066207	-0.131172797	
7	6	0	28	352	-4.371384176	0.012633741	0.012476121	0.987523879	0.987523879	-0.012554601	
8	7	0	45	535	-0.724882018	0.484381714	0.326318836	0.673681164	0.673681164	-0.394998331	
9	8	1	62	512	4.037127702	56.66335478	0.982657964	0.017342036	0.982657964	-0.017494171	
10	9	0	44	658	-1.663729432	0.18943119	0.159282	0.840738	0.840738	-0.173475202	
11	10	1	57	523	2.613602129	13.64812472	0.931731876	0.068268124	0.931731876	-0.070710193	
12	11	0	51	630	0.397436444	1.48800522	0.598071583	0.401928417	0.401928417	-0.911481273	
13	12	0	43	736	-2.358898009	0.094524331	0.086361105	0.913638895	0.913638895	-0.090319868	
14	13	1	66	344	6.038029732	419.0666477	0.997619425	0.002380575	0.997619425	-0.002383413	
15	14	1	59	484	3.370374308	29.08941341	0.96676572	0.03323428	0.96676572	-0.033799088	
16	15	0	43	490	-1.026787036	0.358155856	0.263707478	0.736292522	0.736292522	-0.306127791	
17	16	?	40	534	-2.083426568	0.124502863	0.110718138				
19			a_1	a_2	b					合計	
20			0.272791927	-0.005415085	-10.10344812					-5.102286342	
22										尤度比統計量	p値
23										10.5231266	0.001178899

図5.9　尤度比検定量とp値の算出結果（説明変数：年齢，世帯収入）

有無を説明するのに適していることがわかる。しかしながら，（計算過程は示さないが）世帯収入x_2のみを説明変数としてp値を算出すると，p値が0.48で0.05よりも大きな値となる。また，世帯収入をモデルから除外して年齢のみを説明変数に採用してモデルを構築してみる。その結果，**図5.10**に示すようにp値=0.0016となり，5％有意水準でDRT利用意向を説明するに耐えうるモデルであることがわかる。

　この時点では図5.9の「年齢と世帯収入」を説明変数としたモデルと，図5.10の「年齢」を説明変数としたモデルのどちらがより好ましいか判断できないため，次項の「判別的中率」を算出して判断することとする。

	No.	DRT利用意向 [1=利用意向あり、0=なし]	年齢：x_1	a_1x_1+b	exp(a_1x_1+b)	p	1-p	L	logL	
2	1	1	56	2.159806057	8.669456119	0.896581567	0.103418433	0.896581567	-0.10916601	
3	2	1	43	-1.71711014	0.179584373	0.152243771	0.847756229	0.152243771	-1.88227229	
4	3	0	31	-5.29580201	0.005012593	0.004987592	0.995012408	0.995012408	-0.00500007	
5	4	1	47	-0.52421285	0.592021192	0.371867658	0.628132342	0.371867658	-0.98921725	
6	5	0	45	-1.12066149	0.326064034	0.245888604	0.754111396	0.754111396	-0.28221518	
7	6	0	28	-6.19047498	0.002048853	0.002044664	0.997955336	0.997955336	-0.00204676	
8	7	0	45	-1.12066149	0.326064034	0.245888604	0.754111396	0.754111396	-0.28221518	
9	8	1	62	3.949151994	51.89134399	0.981093315	0.018906685	0.981093315	-0.0190877	
10	9	0	44	-1.41888582	0.241983481	0.194836312	0.805163688	0.805163688	-0.21670968	
11	10	1	57	2.45803038	11.6817802	0.921146717	0.078853283	0.921146717	-0.08213595	
12	11	0	51	0.668684444	1.951668102	0.661208522	0.338791478	0.338791478	-1.08237047	
13	12	0	43	-1.71711014	0.179584373	0.152243771	0.847756229	0.847756229	-0.16516215	
14	13	1	66	5.142049285	171.0659723	0.994188276	0.005811724	0.994188276	-0.00582868	
15	14	1	59	3.054479026	21.21013271	0.954975505	0.045024495	0.954975505	-0.04606959	
16	15	0	43	-1.71711014	0.179584373	0.152243771	0.847756229	0.847756229	-0.16516215	
17	16	?	40	-2.61178311	0.073403541	0.068383919	0.931616081	0.931616081	-0.07083448	
19			a_1	b					合計	
20			0.298224323	-14.540756					-5.40549359	
22									尤度比統計量	p値
23									9.916712109	0.001637847

図5.10　尤度比検定量とp値の算出結果（説明変数：年齢）

〔5〕 **判別的中率の算出**　構築したモデルを用いて個人の DRT 利用有無の判別適中率を算出し，モデル別に分析結果の精度を確認する。構築したモデル（年齢と世帯収入）から DRT 利用確率の理論値が F 列で計算されており，確率 p が 0.5 以上の個人を「DRT 利用意向あり（1）」，p が 0.5 未満の個人を「DRT 利用意向なし（0）」と定義すると，各個人の DRT 利用有無の理論値が**図5.11** の K 列に示すように得られる（K2 セルには「=IF(F2>0.5,1,0)」と入力し，K3 セル以降はフィルハンドルでコピーする）。

No.	DRT利用意向 [1=利用意向あり、0=なし]	年齢：x_1	世帯収入：x_2 [万円/年]	$a_1x_1+a_2x_2+b$	exp($a_1x_1+a_2x_2+b$)	p	$1-p$	L	logL	判別
1	1	56	573	2.070055939	7.925266437	0.887958527	0.112041473	0.887958527	-0.118830241	1
2	1	43	673	-2.017747638	0.13295459	0.117352091	0.882647909	0.117352091	-2.142576539	0
3	0	31	327	-3.417631264	0.032790014	0.031740965	0.968251035	0.968251035	-0.032283892	0
4	1	47	491	0.058965587	1.060738737	0.514737127	0.485262873	0.514737127	-0.664098942	1
5	0	45	764	-1.964936542	0.140164781	0.122933793	0.877066207	0.877066207	-0.131172797	0
6	0	28	352	-4.371384176	0.012633741	0.012476121	0.987523879	0.987523879	-0.012554601	0
7	0	45	535	-0.724882018	0.484381714	0.326318836	0.673681164	0.673681164	-0.333499331	0
8	1	62	512	4.037127702	56.66335478	0.982657964	0.017342036	0.982657964	-0.017494171	1
9	0	44	658	-1.663729432	0.18943119	0.159262	0.840738	0.840738	-0.173475202	0
10	1	57	523	2.613602129	13.64812472	0.931731876	0.068268124	0.931731876	-0.070710193	1
11	0	51	630	0.397436444	1.488005220	0.598071583	0.401928417	0.401928417	-0.911481273	1
12	0	43	736	-2.358898009	0.094524331	0.066361105	0.913638895	0.913638895	-0.090319888	0
13	1	66	344	6.030029732	419.0665477	0.997619425	0.002380575	0.997619425	-0.002383413	1
14	1	59	484	3.370374308	29.08941341	0.96676572	0.03323428	0.96676572	-0.033799088	1
15	0	43	490	-1.026787036	0.358155856	0.263707478	0.736292522	0.736292522	-0.306127791	0
16	?	40	534	-2.083426568	0.124502863	0.110718138				

	a_1	a_2	b						合計	
	0.272791927	-0.005415085	-10.10344812						-5.102286342	

尤度比統計量 10.5231266　p値 0.001178899

図5.11　判別的中率の算出（年齢と世帯収入）

モデルから得られた「DRT 利用有無の理論値」（K 列）とアンケートで得られた「実際の DRT 利用有無」（B 列）を比較すると，モデルにより正しく判別されたのは 15 人中 13 人（判別的中率：86.7 ％）である。同様に，年齢のみを説明変数としたモデルによる DRT 利用意向の有無の理論値の算出結果は**図5.12** に示すとおりで，15 人中 12 人（判別的中率 80.0 ％）が正しく判別されている。

以上の結果より，説明変数に年齢と世帯収入を考慮したモデルの方が DRT 利用意向をより正しく判別できることがわかった†。したがって，個人番号 16 番の人が DRT 利用意向を持つか予測する場合には，年齢と世帯年収が考慮さ

---

†　これは「年齢」と「世帯収入」の回帰係数が統計的に有意であることを示しているものではなく，あくまでもこのモデルが DRT 利用意向をより正しく表現できることを意味している。

No.	DRT利用意向 [1=利用意向あり、0=なし]	年齢: x₁	a₁x₁+b	exp(a₁x₁+b)	p	1-p	L	logL	判別
1	1	56	2.159806057	8.669456119	0.896581567	0.103418433	0.896581567	-0.10916601	1
2	1	43	-1.71711014	0.179584373	0.152243771	0.847756229	0.152243771	-1.88227229	0
3	0	31	-5.29580201	0.005012593	0.004987592	0.995012408	0.995012408	-0.00500007	0
4	1	47	-0.52421285	0.592021192	0.371867658	0.628132342	0.371867658	-0.98921725	0
5	0	45	-1.12066149	0.326064034	0.245888604	0.754111396	0.754111396	-0.28221518	0
6	0	28	-6.19047498	0.002048853	0.002044664	0.997955336	0.997955336	-0.00204676	0
7	0	45	-1.12066149	0.326064034	0.245888604	0.754111396	0.754111396	-0.28221518	0
8	1	62	3.949151994	51.89134399	0.981093315	0.018906685	0.981093315	-0.0190877	1
9	0	44	-1.41888582	0.241983481	0.194836312	0.805163688	0.805163688	-0.21670968	0
10	1	57	2.45803038	11.6817802	0.921146717	0.078853283	0.921146717	-0.08213595	1
11	0	51	0.668684444	1.951668102	0.661208523	0.338791478	0.338791478	-1.08237047	1
12	0	43	-1.71711014	0.179584373	0.152243771	0.847756229	0.847756229	-0.16516215	0
13	1	66	5.142049285	171.0659723	0.994188276	0.005811724	0.994188276	-0.00582868	1
14	1	59	3.054479026	21.21013271	0.954975505	0.045024495	0.954975505	-0.04606959	1
15	0	43	-1.71711014	0.179584373	0.152243771	0.847756229	0.847756229	-0.16516215	0
16	?	40	-2.61178311	0.073403541	0.068383919	0.931616081	0.931616081	-0.07083448	0
		a₁	b					合計	
		0.298224323	-14.540756					-5.40549359	
								尤度比統計量	p値
								9.916712109	0.001637847

図 5.12　判別的中率の算出（年齢）

れたモデルを用いることが好ましいという結論を得ることができる。

　変数の取捨選択においては，4 章で F 検定を実施したように，回帰係数の検定の結果を用いる必要がある。本書では Excel のソルバーを用いてパラメータ推定を実施したため，回帰係数の有意性を検定する統計量は算出しなかった。しかしながら，SPSS などのソフトウェアを用いてロジスティック回帰分析を実施すると回帰係数の有意性を検定できる p 値などの統計量が出力されるため，それらを用いて変数選択することが必要である。

〔6〕　予　　　　　測　　構築したモデルを用いて，個人番号 16 の人がDRT を利用する意向を持つ確率 p_{16} を予測する。前項で「年齢」と「世帯収入」を説明変数としたモデル式を採用することを決定したため，以下のように個人番号 16 の人の情報（40 歳，534 万円）を代入すると，p_{16} は以下のように求めることができる。

$$p_{16} = 1 - \frac{e^{0.273x_1 - 0.0054x_2 - 10.103}}{1 + e^{0.273x_1 - 0.0054x_2 - 10.103}} = 1 - \frac{e^{0.273 \times 40 - 0.0054 \times 534 - 10.103}}{1 + e^{0.273 \times 40 - 0.0054 \times 534 - 10.103}} = 0.111$$

すなわち，個人番号 16 の人は 0.111 の確率で DRT 利用意向を持つものと予測される。

演 習 問 題

【1】ある県では，県内を13のゾーンに分けて「物流施設立地の有無」について調査している。各ゾーンでは，**表5.3**に示すとおり「通勤圏内の労働力人口〔千人〕」と「人口密度〔人／km²〕」のデータが付帯されている。同県では，13番目のゾーンのみ都市計画法により物流施設の立地ができなかったが，規制緩和により立地が可能になった。ここで，物流施設立地の有無に関してロジスティック回帰分析を実施し，13番目のゾーンに物流施設が立地する確率を求めよ。モデルの選択（変数選択）は尤度比検定および判別的中率から判断せよ。なお，有意水準は5％とする。

表5.3　ゾーン別「物流施設立地の有無」，「労働力人口」，「人口密度」

ゾーン No.	物流施設立地の有無 (1＝立地あり，0＝なし)	労働力人口 x_1〔千人〕	人口密度 x_2〔人／km²〕
1	1	4.3	547
2	1	4.1	382
3	0	3.1	672
4	1	6.6	411
5	1	4.7	381
6	0	5.9	644
7	0	2.8	574
8	1	6.2	592
9	1	5.6	571
10	0	5.7	539
11	1	7.2	524
12	0	5.1	637
13	?	6.7	752

6

判　別　分　析

　5章のロジスティック回帰では，交通手段選択のような予測する対象が質的である場合について，重回帰分析を応用することで交通行動を確率的に推測する手法を学んだ。本章では，分析対象の交通行動について複数の群を想定し，群の分布と個体のデータの位置関係から所属する群を予測することで個体の交通行動を推定する判別分析の手法について解説する。

6.1　基本的な概念と位置づけ

　近年急速に普及が進む電動アシスト自転車の利用を例に判別分析の手法について考えてみよう。電動アシスト機能があれば，ペダルを踏み込むときの負担が減り，自転車による移動の幅が広がるものと期待できる。一方で，電動アシスト機能を持たない自転車と比べると高価なため，移動距離があまり長くない人や上り坂利用の少ない人にとっては購入ニーズが高まらない可能性もある。よって，自転車購入時の電動アシスト機能の選択要因として，「1日の平均走行距離」や「移動経路における上り坂平均勾配」といった要因が考えられる（**図6.1**）。

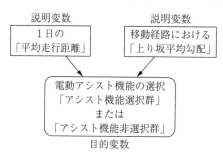

図6.1　自転車購入時の電動アシスト機能の選択要因

　自転車購入者のアシスト機能選択要因を把握し，アシスト機能の選択を予測できる方法があれば，将来の都市における自転車の活用可能性を検討する一材料となるだろう。**判別分析**（discriminant analysis）は，分析サンプル（自転車購入者）に対して，二つ[†]

---

†　三つ以上の群を仮定して判別する手法（重判別分析）も存在する。

の群（アシスト機能を選択する群と選択しない群）のどちらに属するのかを，サンプルの持つ特性（平均走行距離，上り坂平均勾配）を用いて判別する手法である。この例では図6.1のように，判別の要因となる「平均走行距離」と「上り坂平均勾配」が説明変数で量的データとなるが，目的変数は「アシスト機能選択群」，「アシスト機能非選択群」のどちらかを取る質的データとなる。

判別の基本的な考え方として，母集団の中からすでに属する群が明らかなサンプルを抽出し，これらのデータを分析することで判別の基準を定めて，所属群が明らかでない他のサンプルに対して群を推測する[†]。例えば，**表6.1**のように購入時のアシスト機能の選択結果がわかっている購入者A〜Oデータから，平均走行距離が3.26 km，上り坂平均勾配が1.50％の新たな購入者Pがアシスト機能を選択するか否かを予測したいときに判別分析が有効である（**図6.2**）。

表6.1 電動アシスト機能の選択状況

購入者	平均走行距離〔km〕	上り坂平均勾配〔%〕	アシスト機能の選択	購入者	平均走行距離〔km〕	上り坂平均勾配〔%〕	アシスト機能の選択
A	3.05	2.72	あり	I	1.68	1.84	なし
B	3.68	1.12	なし	J	3.36	3.28	あり
C	2.73	1.92	なし	K	2.21	1.52	なし
D	2.52	3.12	あり	L	3.68	2.16	なし
E	2.42	2.24	なし	M	2.00	1.04	なし
F	3.99	1.76	あり	N	4.31	2.96	あり
G	5.04	2.80	あり	O	4.41	2.24	あり
H	2.73	1.36	なし	P	3.26	1.50	？？？

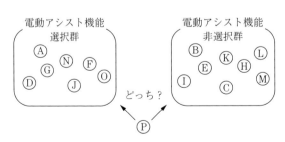

図6.2 新たな購入者Pの電動アシスト機能選択の予測

[†] 判別分析では，判別群が分析前の段階で明確となっている。この点が，探索的に類似群を見出していくクラスター分析（9章参照）と大きく異なるところである。

群を判別する基準には，① 線形判別式による基準と ② マハラノビスの距離
による基準がある。本章ではそれぞれの基準による判別の考え方を解説する。

6.2　線 形 判 別 式

6.2.1　判別の考え方

表 6.1 の購入者データについて，平均走行距離と上り坂平均勾配を軸とした
平面にサンプルの分布を図示すると，**図 6.3** のように電動アシスト機能の選
択群と非選択群を視覚的に表現できる。新たな購入者 P が電動アシスト機能
を選択するかは，平均走行距離や上り坂平均勾配をグラフ内に示した場合に，
どちらの群に近いかで判別することができる。ここでもし，判別の基準となる
境界線を求めることができれば，購入者 P の群を容易に予測できるだろう。
このような境界線のことを**判別直線**（discriminant line）と呼び，以下のよう
な線形式で表される。

$$a_1 x_1 + a_2 x_2 + a_0 = 0 \tag{6.1}$$

ここに，x_1：平均走行距離，x_2：上り坂平均勾配，a_1, a_2, a_0：パラメータ

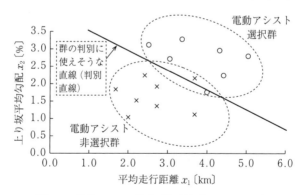

図 6.3　電動アシスト機能選択群と非選択群の分布

ここで，次式のような変数 z を考えてみる。

$$z = a_1 x_1 + a_2 x_2 + a_0 \tag{6.2}$$

図 6.4 のように，z は判別直線上の点についてはつねに 0 で，判別直線で区切

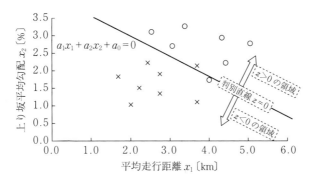

図 6.4　電動アシスト機能選択群と非選択群の分布

られた上側の領域では $z > 0$ であり，下側の領域では $z < 0$ となる。つまり，式 (6.2) を用いて平均走行距離 x_1 と上り坂平均勾配 x_2 から z の値を求めると，その正負の符号から所属する群を判別することができる。したがって，判別に最も適した判別直線のパラメータ a_1, a_2, a_0 を求めることが重要となる。ここで，z は**判別得点**（discriminant score）と呼ばれる。

6.2.2　判別モデルパラメータの導出

　判別に最も適した判別直線のパラメータを求める方法ついて考える。**図 6.5** に判別直線の候補例を二つ示すが，判別直線に垂直な軸の上でデータの分布状況を検討すると判別のよさが理解しやすい。図（a）は両群の分布が明確に区別されているが，図（b）は両群のデータが混在しておりよく判別できているとはいえない。

　このように「判別直線に垂直な軸」は，判別の質を評価することができ，便宜上「判別軸」と呼ぶことにする。**図 6.6** は，図 6.5（a）を回転して判別軸を水平としたものである。ここで，電動アシスト選択群に属する「購入者 N」の判別軸上でのデータに着目する。判別軸上で判別直線が交わる点はサンプル全体の平均であり[†]，購入者 N の点はここから電動アシスト選択群へずれている（全変動）。このズレを，購入者 N が電動アシスト選択群に属しているため

[†]　本例では電動アシスト選択群と非選択群の判別軸上でのバラツキ（分散）が等しいと仮定しているため判別直線との交点が全平均に相当する。両群の分散が異なると仮定する場合の扱いは後述する。

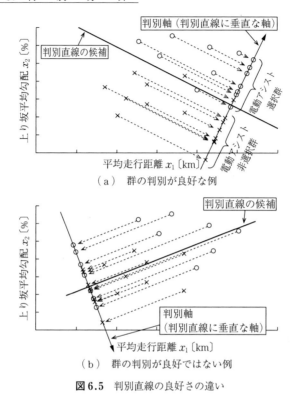

（a）　群の判別が良好な例

（b）　群の判別が良好ではない例

図 6.5　判別直線の良好さの違い

に生じる「選択群の平均値までのズレ」（群間変動）と，「電動アシスト選択群の内部で生じる個人によるズレ」（群内変動）とに区別して考える。この群間変動と群内変動の考え方をサンプル全体に対して適用した場合，両群が判別軸上でより明確に区別されるためには，群間変動がなるべく大きくなるように判別直線が設定されるべきである。つまり，判別直線のパラメータは，「判別軸上の全変動のうち群間変動の占める割合」が最大となるよう推定されるとよい。

　ここで，購入者 N の判別軸上での全変動は，**図 6.7** のようにデータ平面上の購入者 N の点から判別直線へ下ろした垂線の足の長さに匹敵する。購入者 N の平均走行距離を x_{1i}，上り坂平均勾配を x_{2i} とするとき，点 (x_{1i}, x_{2i}) から判別直線 $a_1x_1 + a_2x_2 + a_0 = 0$ までの垂線の長さ l_i は，点と線の距離の公式より

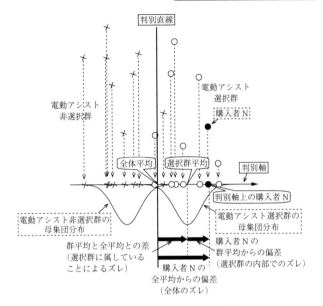

図6.6 判別軸上での変動の捉え方

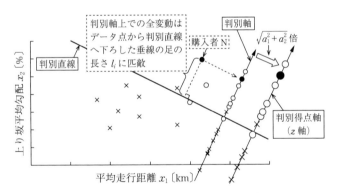

図6.7 判別軸と判別得点 z 軸との関係

$$l_i = \frac{|a_1 x_{1i} + a_2 x_{2i} + a_0|}{\sqrt{a_1^2 + a_2^2}} \tag{6.3}$$

と表され，式 (6.2) を参照すると

$$l_i = \frac{|a_1 x_{1i} + a_2 x_{2i} + a_0|}{\sqrt{a_1^2 + a_2^2}} = \frac{|z_i|}{\sqrt{a_1^2 + a_2^2}} \tag{6.4}$$

となり，判別軸上の変動にあたる垂線の長さ l_i を $\sqrt{a_1^2 + a_2^2}$ 倍したものが，購入者 N の判別得点 z_i に相当することとなる。したがって，判別軸上のデータの変動を，判別得点 z の変動に置き換えて取り扱っても問題がなく，以後は図 6.7 に示すような判別得点（z 軸上）の変動で考えることとする。判別得点の全変動 S_T は，回帰分析における考え方と同様，各データの偏差平方（全平均との差を平方したもの）を足したものであり，次式で表される。

$$S_T = \sum_{i=1}^{m} \left(z_i^{(1)} - \overline{z} \right)^2 + \sum_{j=1}^{n} \left(z_j^{(2)} - \overline{z} \right)^2 \tag{6.5}$$

ここに，$z_i^{(1)}$：群 1 の i 番目の判別得点，m：群 1 のサンプルサイズ

$\qquad z_i^{(2)}$：群 2 の j 番目の判別得点，n：群 2 のサンプルサイズ

$\qquad \overline{z}$：サンプル全体の判別得点の平均

つぎに，判別得点の群間変動 S_B を，各群の平均と全平均の差を用いて求める。

$$S_B = \sum_{i=1}^{m} \left(\overline{z}^{(1)} - \overline{z} \right)^2 + \sum_{j=1}^{n} \left(\overline{z}^{(2)} - \overline{z} \right)^2$$

$$= \left(\overline{z}^{(1)} - \overline{z} \right)^2 \times m + \left(\overline{z}^{(2)} - \overline{z} \right)^2 \times n \tag{6.6}$$

ここに，$\overline{z}^{(1)}$：群 1 の判別得点の平均，$\overline{z}^{(2)}$：群 2 の判別得点の平均

判別得点の群内変動 S_w は，各データと各群の平均との差を用いて次式で表される。

$$S_w = \sum_{i=1}^{m} \left(z_i^{(1)} - \overline{z}^{(1)} \right)^2 + \sum_{j=1}^{n} \left(z_j^{(2)} - \overline{z}^{(2)} \right)^2 \tag{6.7}$$

ここで，判別のよさを表現する「判別得点の全変動のうち群間変動の占める割合」（p.120参照）は，**相関比**（correlation ratio）と呼ばれ次式のとおりとなる。

$$\eta^2 = \frac{S_B}{S_T} = \frac{\displaystyle\sum_{i=1}^{m} \left(\overline{z}^{(1)} - \overline{z} \right)^2 + \sum_{j=1}^{n} \left(\overline{z}^{(2)} - \overline{z} \right)^2}{\displaystyle\sum_{i=1}^{m} \left(z_i^{(1)} - \overline{z} \right)^2 + \sum_{j=1}^{n} \left(z_j^{(2)} - \overline{z} \right)^2} \tag{6.8}$$

これは式 (6.2) のように判別直線のパラメータ a_1, a_2, a_0 で表される判別得点の関数であるが，a_0 については式 (6.8) の各項において計算中に消去されるため，相関比 η^2 は a_1, a_2 の関数となる。そのため，相関比 η^2 が最大となるパラメータを求めるために，式 (6.8) を a_1, a_2 で偏微分して 0 とおくことで

得られるつぎの連立方程式を解くことでパラメータ a_1, a_2, a_0 が求められる。

$$s_{11}{}^2 a_1 + s_{12} a_2 = \overline{x}_1^{(1)} - \overline{x}_1^{(2)}$$

$$s_{21} a_1 + s_{22}{}^2 a_2 = \overline{x}_2^{(1)} - \overline{x}_2^{(2)}$$

$$a_0 = - \frac{a_1\left(\overline{x}_1^{(1)} + \overline{x}_1^{(2)}\right) + a_2\left(\overline{x}_2^{(1)} + \overline{x}_2^{(2)}\right)}{2} \tag{6.9}$$

ここに，$s_{11}{}^2$：平均走行距離 x_1 の分散，$s_{22}{}^2$：上り坂平均勾配 x_2 の分散

$\qquad s_{12}$, s_{21}：平均走行距離 x_1 と上り坂平均勾配 x_2 の共分散

$\qquad \overline{x}_1^{(1)}$：群 1 の平均走行距離 x_1 の平均

$\qquad \overline{x}_1^{(2)}$：群 2 の平均走行距離 x_1 の平均

$\qquad \overline{x}_2^{(1)}$：群 1 の上り坂平均勾配 x_2 の平均

$\qquad \overline{x}_2^{(2)}$：群 2 の上り坂平均勾配 x_2 の平均

6.2.3　Excel による線形判別式の判別

6.2.2 項では，判別の質が最も高い判別直線の式のパラメータを求めるために，相関比を最大にする手法について触れたが，ここでは回帰分析のときと同様に，Excel の「ソルバー」機能を用いて線形判別式を導出する。まず，最適計算をする前の準備として以下の手順により図 6.8 のような計算シートを作成する。

① 基データとなる表 6.1 の値を B ～ E 列に入力する。この際，C 列に「アシスト機能の選択」，D 列に「平均走行距離」，E 列に「上り坂平均勾配」となるようにする。

② アシスト機能選択群と非選択群を視覚的にわかりやすく分類するために，C 列の「アシスト機能の選択」を基準にデータを並び替える。

③ A 列に群の名前として「群 1 アシスト機能選択群」「群 2 アシスト機能非選択群」と入力する。

④ 19 ～ 20 行に線形判別式のパラメータ a_1, a_2, a_0 のセルを作成し，a_1，a_2 の初期値として 1 を入力する。a_0 は仮の値として 0 を入力する。

⑤ F 列に判別得点 z の列を作成し，各購入者に対して $z = a_1 x_1 + a_2 x_2 + a_0$

	群	購入者	アシスト機能の選択	平均走行距離x1	上り坂平均勾配x2	z	偏差					
2		A	あり	3.05	2.72	5.77	0.44			zの偏差平方和	28.06
3		D	あり	2.52	3.12	5.64	0.31			zの群内平方和	9.70
4	群1	F	あり	3.99	1.76	5.75	0.42			zの群間平方和	18.35
5	アシスト機	G	あり	5.04	2.8	7.84	2.51			相関比	0.65
6	能選択群	J	あり	3.36	3.28	6.64	1.31				
7		N	あり	4.31	2.96	7.27	1.94				
8		O	あり	4.41	2.24	6.65	1.32				
9		B	なし	3.68	1.12	4.80	-0.53				
10		C	なし	2.73	1.92	4.65	-0.68				
11	群2	E	なし	2.42	2.24	4.66	-0.67				
12	アシスト機	H	なし	2.73	1.36	4.09	-1.24				
13	能非選択群	I	なし	1.68	1.84	3.52	-1.81				
14		K	なし	2.21	1.52	3.73	-1.60				
15		L	なし	3.68	2.16	5.84	0.51				
16		M	なし	2.00	1.04	3.04	-2.29				
17			平均値→	3.19	2.14	5.33					
19			a1		a2	a0					
20			1		1	0					

	群	購入者	アシスト機能の選択	平均走行距離x1	上り坂平均勾配x2	z	偏差
22		A	あり	3.05	2.72	5.77	-0.74
23		D	あり	2.52	3.12	5.64	-0.87
24	群1	F	あり	3.99	1.76	5.75	-0.76
25	アシスト機	G	あり	5.04	2.8	7.84	1.33
26	能選択群	J	あり	3.36	3.28	6.64	0.13
27		N	あり	4.31	2.96	7.27	0.76
28		O	あり	4.41	2.24	6.65	0.14
30			平均値→	3.81	2.70	6.51	

	群	購入者	アシスト機能の選択	平均走行距離x1	上り坂平均勾配x2	z	偏差
32		B	なし	3.68	1.12	4.80	0.51
33		C	なし	2.73	1.92	4.65	0.36
34	群2	E	なし	2.42	2.24	4.66	0.37
35	アシスト機	H	なし	2.73	1.36	4.09	-0.20
36	能非選択群	I	なし	1.68	1.84	3.52	-0.77
37		K	なし	2.21	1.52	3.73	-0.56
38		L	なし	3.68	2.16	5.84	1.55
40		M	なし	2.00	1.04	3.04	-1.25
41			平均値→	2.64	1.65	4.29	

図 6.8　最適計算前の準備

を計算する式を入力する。

　　（例）F2 には，「=D\$20*D2+E\$20*E2+F\$20」と入力。

⑥　AVERAGE 関数を使って 17 行に平均走行距離 x_1，上り坂平均勾配 x_2，判別得点 z の平均値を算出する。

⑦　G 列に各購入者の判別得点 z の偏差（平均値からの差）を算出する。

　　（例）G2 には，「=F2-F\$17」と入力。

⑧　SUMSQ 関数[†]を使って K2 に判別得点 z の偏差平方和（全変動に相当）を算出する。K2 に「=SUMSQ(G2:G16)」と入力。

⑨　22 ～ 30 行に，群 1 アシスト選択群のみのデータ表を作成して，平均走行距離 x_1，上り坂平均勾配 x_2，判別得点 z の平均値を算出し，群内の偏

[†]　SUMSQ 関数は平方和を求める関数で，ここでは判別得点 z の偏差に対して適用することで z の偏差平方和を求めることができる。

差を求める。

⑩　32 〜 41 行に，群 2 アシスト非選択群のみのデータ表を作成して，平均
走行距離 x_1，上り坂平均勾配 x_2，判別得点 z の平均値を算出し，群内の
偏差を求める。

⑪　SUMSQ 関数を使って K3 に ⑨，⑩ で求めた判別得点 z の各群内の偏差
の平方和（群内変動に相当）を算出する。K3 に「=SUMSQ(G23:G29)
+SUMSQ(G33:G40)」と入力。

⑫　z の群間平方和を，偏差平方和から群内平方和を差し引くことで求め，
相関比を算出する。K4 に「=K2-K3」，K5 に「=K4／K2」と入力。

つぎに，[データ] タブから [分析] → [ソルバー] をクリックすると図 6.9 の
ようなソルバー機能のダイアログが出るので，以下の手順により設定を行う。

図 6.9　ソルバー機能の設定

⑬　[目的セルの設定] では最適化の対象となるセルを選択する。ここでは
相関比に相当する K5 のセルを指定する。

⑭　相関比が最大となるよう最適計算をするため，[目標値] は [最大値]

を選択する。

⑮　［変数セルの変更］では，探索するパラメータ a_1，a_2 のセルを指定する。

⑯　探索パラメータが正負いずれの値も取れるように，［制約のない変数を非負数にする］のチェックを外しておく。

⑰　［解決］をクリックするとソルバー計算が開始される。

計算の結果は**図 6.10** のようになり，相関比を最大にするパラメータが $a_1 = 0.64$，$a_2 = 1.36$ と探索された。定数項 a_0 については，式 (6.9) より以下のように求める。

$$a_0 = -\frac{a_1\left(\overline{x}_1^{(1)} + \overline{x}_1^{(2)}\right) + a_2\left(\overline{x}_2^{(1)} + \overline{x}_2^{(2)}\right)}{2}$$

$$= -\frac{0.64(3.81 + 2.64) + 1.36(2.70 + 1.65)}{2} = -5.00 \qquad (6.10)$$

Excel では，F20 に適宜数式を入力すると**図 6.11** のように算出され，線形

	A	B	C	D	E	F	G	H	I	J	K
1	群	購入者	アシスト機能の選択	平均走行距離x1	上り坂平均勾配x2	z	偏差				
2		A	あり	3.05	2.72	5.65	0.70			zの偏差平方和	25.34
3		D	あり	2.52	3.12	5.86	0.90			zの群内平方和	7.70
4	群1	F	あり	3.99	1.76	4.95	0.00			zの群間平方和	17.64
5	アシスト機	G	あり	5.04	2.8	7.04	2.09			相関比	0.70
6	能選択群	J	あり	3.36	3.28	6.61	1.66			ソルバーにより	
7		N	あり	4.31	2.96	6.79	1.84			最適化された相関比	
8		O	あり	4.41	2.24	5.88	0.92				
9		B	なし	3.68	1.12	3.89	-1.07				
10		C	なし	2.73	1.92	4.36	-0.59				
11	群2	E	なし	2.42	2.24	4.60	-0.36				
12	アシスト機	H	なし	2.73	1.36	3.60	-1.35				
13	能非選択群	I	なし	1.68	1.84	3.58	-1.37				
14		K	なし	2.21	1.52	3.48	-1.47				
15		L	なし	3.68	2.16	5.30	0.35				
16		M	なし	2.00	1.04	2.70	-2.25				
17			平均値→	3.19	2.14	4.95					
18	ソルバーにより探索された										
19				a1	a2		a0				
20			パラメータ	0.642842805	1.357436624		0				
21											
22	群	購入者	アシスト機能の選択	平均走行距離x1	上り坂平均勾配x2	z	偏差				
23		A	あり	3.05	2.72	5.65	-0.46				
24		D	あり	2.52	3.12	5.86	-0.25				
25	群1	F	あり	3.99	1.76	4.95	-1.16				
26	アシスト機	G	あり	5.04	2.8	7.04	0.93				
27	能選択群	J	あり	3.36	3.28	6.61	0.50				
28		N	あり	4.31	2.96	6.79	0.68				
29		O	あり	4.41	2.24	5.88	-0.24				
30			平均値→	3.81	2.70	6.11					
31											
32	群	購入者	アシスト機能の選択	平均走行距離x1	上り坂平均勾配x2	z	偏差				
33		B	なし	3.68	1.12	3.89	-0.05				
34		C	なし	2.73	1.92	4.36	0.42				
35	群2	E	なし	2.42	2.24	4.60	0.66				
36	アシスト機	H	なし	2.73	1.36	3.60	-0.34				
37	能非選択群	I	なし	1.68	1.84	3.58	-0.36				
38		K	なし	2.21	1.52	3.48	-0.45				
39		L	なし	3.68	2.16	5.30	1.36				
40		M	なし	2.00	1.04	2.70	-1.24				
41			平均値→	2.64	1.65	3.94					

図 6.10　ソルバーによる計算結果

群	購入者	アシスト機能の選択	平均走行距離x1	上り坂平均勾配x2	z	偏差	判定			
	A	あり	3.05	2.72	0.65	0.70	あり		zの偏差平方和	25.34
	D	あり	2.52	3.12	0.85	0.90	あり		zの群内平方和	7.70
群1	F	あり	3.99	1.76	-0.05	0.00	なし		zの群間平方和	17.64
アシスト機能選択群	G	あり	5.04	2.80	2.04	2.09	あり		相関比	0.70
	J	あり	3.36	3.28	1.61	1.66	あり			
	N	あり	4.31	2.96	1.78	1.84	あり			
	O	あり	4.41	2.24	0.87	0.92	あり			
	B	なし	3.68	1.12	-1.12	-1.07	なし			
	C	なし	2.73	1.92	-0.64	-0.59	なし			
群2	E	なし	2.42	2.24	-0.41	-0.36	なし		求めた判別式による	
アシスト機能非選択群	H	なし	2.73	1.36	-1.40	-1.35	なし		判定結果	
	I	なし	1.68	1.84	-1.43	-1.37	なし			
	K	なし	2.21	1.52	-1.52	-1.47	なし			
	L	なし	3.68	2.16	0.29	0.35	あり			
	M	なし	2.00	1.04	-2.31	-2.25	なし			
	平均値→		3.19	2.14	-0.05		確定した判別得点			
		a1		a2		a0				
		0.642842805		1.357436624	-5.00454	定数項を算出				

群	購入者	アシスト機能の選択	平均走行距離x1	上り坂平均勾配x2	z	偏差
	A	あり	3.05	2.72	0.65	-0.46
	D	あり	2.52	3.12	0.85	-0.26
群1	F	あり	3.99	1.76	-0.05	-1.16
アシスト機能選択群	G	あり	5.04	2.8	2.04	0.93
	J	あり	3.36	3.28	1.61	0.50
	N	あり	4.31	2.96	1.78	0.68
	O	あり	4.41	2.24	0.87	-0.24
	平均値→		3.81	2.70	1.11	

群	購入者	アシスト機能の選択	平均走行距離x1	上り坂平均勾配x2	z	偏差
	B	なし	3.68	1.12	-1.12	-0.05
	C	なし	2.73	1.92	-0.64	0.42
群2	E	なし	2.42	2.24	-0.41	0.66
アシスト機能非選択群	H	なし	2.73	1.36	-1.40	-0.34
	I	なし	1.68	1.84	-1.43	-0.36
	K	なし	2.21	1.52	-1.52	-0.45
	L	なし	3.68	2.16	0.29	1.36
	M	なし	2.00	1.04	-2.31	-1.24
	平均値→		2.64	1.65	-1.07	

図6.11　定数項 a_0 の算出と判別得点 z の確定

判別式が以下のように求められたこととなる。

$$z = 0.64x_1 + 1.36x_2 - 5.00 \tag{6.11}$$

これに併せて判別得点 z の値も更新されており，図6.4のように $z>0$ の場合はアシスト機能選択群，$z<0$ の場合はアシスト機能非選択群と判別するモデルが導かれた。ここで，求まった判別得点 z から判別式により推定される判定結果をH列に入力する。すると，購入者Fは群1（アシスト機能選択群）にもかかわらず「アシスト機能の選択なし」と判定され，購入者Lは群2（アシスト機能非選択群）にもかかわらず「アシスト機能の選択あり」と判定されており，15人中2人，つまり全体の13.3％が実際の選択状況とは異なって推定されてしまっていることが確認できる。このように，全予測件数に対して実際の判別状況と異なって判定した件数の割合は**誤判別率**（error rate）と呼ばれ，判別モデルの精度の指標として用いられる。

ここで，表6.1に示されている新たな購入者P（平均走行距離3.26 km，上り坂平均勾配1.50％）について，それぞれの説明変数の値を式（6.11）に代入して判別得点を求めると

$$z = 0.64 \times 3.26 + 1.36 \times 1.50 - 5.00 = -0.87 \tag{6.12}$$

となり，判別得点が負となることから電動アシスト機能非選択群に属し，購入者Pはアシスト機能を選択しないと判定されることとなる。

なお，得られた線形判別式の係数や定数項について，重回帰式の場合と同様な考え方で，判別に作用する各変数の影響度の検討や有意性の検定を行うことが可能であり，相関比についても回帰係数と同じく検定することができる。

6.3　マハラノビスの距離

これまでの線形判別式による判別では，サンプルの分布の中に「群の境界線（判別直線）」を引くことを想定し，最も適した判別直線式のパラメータを推定するために相関比を最大にする方法を学んだ。本節では，もう一つの手法として，各群の中心となる位置を定めてデータが「どちらの中心により近いか」という考え方で判別する方法にアプローチする。

6.3.1　判別の考え方

まずは簡単のために説明変数が一つの場合で考える。**図6.12**のように，説明変数の数直線上に同程度のばらつきを持った二つの群が分布しているとす

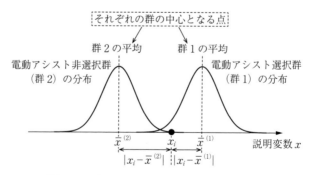

図6.12　群のばらつきが同じ程度の場合の距離

る。群の分布として正規分布を仮定するならば，各群の中心となる点としては，平均値（母集団分布における最頻値に相当）が妥当である。ここで，新たに値 x_i として観測されたサンプルがどちらの群に属するかを判別するために，各群の平均値からの差を検討する。図 6.12 のような位置関係であれば，群の分布の様子から群 1 のほうに属する可能性が高いと推測される。「中心からの距離を使って判別する」とは，新たに観測されたサンプルについて，群 1 の中心（平均）からの距離 $|x_i - \overline{x}^{(1)}|$ が，群 2 の中心（平均）からの距離 $|x_i - \overline{x}^{(2)}|$ よりも短いために，群 1 に属すると判別する，というごく自然な考え方である。このような単純な距離を**ユークリッド距離**（Euclidean distance）と呼ぶ。

　一方で，両群の分布のばらつき具合が等しくない場合は，ユークリッド距離のまま判別してはならない。**図 6.13** のように，群 2 のばらつきが明らかに大きくなると，新たな観測サンプルは，たとえ群 1 の平均までのユークリッド距離が短くても，分布状況を見ると群 2 にも属する可能性が十分にある。そこで，このような異なるばらつきを持つ群の判別に対応するために，各群の標準偏差を用いたつぎのような距離が提案されている。

$$D_i = \frac{|x_i - \overline{x}|}{s} \tag{6.13}$$

ここに，x_i：i 番目のデータ値，$\overline{x}$：平均値，s：標準偏差

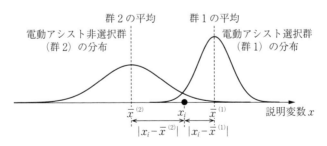

図 6.13　群のばらつきが異なる場合の距離

　これは，平均値との差で表されるユークリッド距離を，標準偏差で除することによって求められる**マハラノビスの距離**（Mahalanobis distance）と呼ばれるものである。これにより「1 標準偏差あたり」の距離を表現することで，群

のばらつきの大小に依存しない検討ができる。図 6.13 の例では，以下で表される マハラノビスの距離を比較する。

群1の中心までのマハラノビスの距離　$D_i^{(1)} = \dfrac{\left| x_i - \overline{x}^{(1)} \right|}{s^{(1)}}$

群2の中心までのマハラノビスの距離　$D_i^{(2)} = \dfrac{\left| x_i - \overline{x}^{(2)} \right|}{s^{(2)}}$

(6.14)

ここに，$\overline{x}^{(1)}$：群1のサンプルの平均値，$s^{(1)}$：群1のサンプルの標準偏差
　　　　$\overline{x}^{(2)}$：群2のサンプルの平均値，$s^{(2)}$：群2のサンプルの標準偏差

ただし，実際の計算では絶対値記号を含んだ表現を避け，おのおのを2乗した値（マハラノビスの平方距離）で検討されることがほとんどである。

$$D_i^{2^{(1)}} = \frac{\left(x_i - \overline{x}^{(1)} \right)^2}{{s^{(1)}}^2}, \quad D_i^{2^{(2)}} = \frac{\left(x_i - \overline{x}^{(2)} \right)^2}{{s^{(2)}}^2}$$

(6.15)

すなわち，$D_i^{2^{(1)}} < D_i^{2^{(2)}}$であれば，群1の中心までの距離が近いため群1に属すると判別し，$D_i^{2^{(1)}} > D_i^{2^{(2)}}$であれば，群2に属すると判別することとなる。

6.3.2　多変量への拡張

説明変数が一つの場合，マハラノビスの距離は1本の軸上で定義される一次元のものであったが，説明変数が二つの場合は変数の軸が2本となり平面上で考える。二つの群の分布を平面上に**図 6.14**のように表現する。群の中心の周りの楕円は同じ相対度数である点を結んだ線である。ここで，群の分布の度数を山の標高として捉えた場合，楕円は群の中心を頂上とした山の等高線に相当する[†]。図の中に示した新しいデータが両群のどちらに属するかを予測するとき，ユークリッド距離では群1の中心までの距離が短いため，

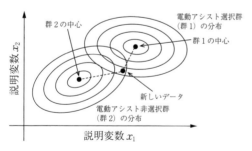

図 6.14　平面上での群分布と中心までの距離

[†] ここで想定している山の断面を，群の中心を通る直線で考えると，図 6.12，図 6.13 のような分布がみられることとなる。

群1に属するものと判別されてしまう。しかし，実際には新しいデータが存在する位置は，群1も群2も分布の山で言うと同程度の標高にいる，つまり相対度数が同じであるためどちらの群にも同程度の確率で属する可能性がある。そのため，群の判別には平面的なばらつき具合を考慮したマハラノビスの距離で検討する必要がある。両群の中心からのマハラノビスの距離が同じである点を

結んでできる線は群の境界線であり，6.2節での判別直線に相当する。ただし，マハラノビスの距離によって定まる判別境界線は**図 6.15** のように直線になるとは限らないため，非線形な群境界を仮定する場合に有効な方法であるともいえる。

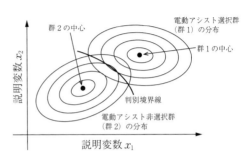

図 6.15 マハラノビスの距離による判別境界

多変量でのマハラノビスの距離の算出方法を考えるにあたり，まず説明変数が一つのときのマハラノビスの平方距離をつぎのように変形する。

$$D_i^2 = \frac{(x_i - \overline{x})^2}{s^2} = (x_i - \overline{x})(s^2)^{-1}(x_i - \overline{x}) \tag{6.16}$$

ここに，x_i：データ i の説明変数 x の値，$\overline{x}$：説明変数 x の平均値

s^2：説明変数 x の分散

ここで説明変数が二つの場合のマハラノビスの距離はつぎの行列積で表される。

$$D_i^2 = [x_{1i} - \overline{x}_1 \quad x_{2i} - \overline{x}_2] \begin{bmatrix} s_{11}^2 & s_{12} \\ s_{21} & s_{22}^2 \end{bmatrix}^{-1} \begin{bmatrix} x_{1i} - \overline{x}_1 \\ x_{2i} - \overline{x}_2 \end{bmatrix} \tag{6.17}$$

ここに，x_{1i}：データ i の説明変数 x_1 の値，$\overline{x}_1$：説明変数 x_1 の平均値，

x_{2i}：データ i の説明変数 x_2 の値，$\overline{x}_2$：説明変数 x_2 の平均値，

s_{11}^2：説明変数 x_1 の分散，s_{22}^2：説明変数 x_2 の分散，

s_{12}, s_{21}：説明変数 x_1 と説明変数 x_2 の共分散

式 (6.16) と式 (6.17) を比べてみると，1変数のときの各データ値の平均との差 $(x_i - \overline{x})$ は，2変数ではそのままベクトル $[x_{1i} - \overline{x}_1 \quad x_{2i} - \overline{x}_2]$，

$\begin{bmatrix} x_{1i}-\overline{x}_1 \\ x_{2i}-\overline{x}_2 \end{bmatrix}$ に対応していることがわかる。そして，1変数のときの分散による除算 $(s^2)^{-1}$ は，2変数では分散共分散行列の逆行列 $\begin{bmatrix} {s_{11}}^2 & s_{12} \\ s_{21} & {s_{22}}^2 \end{bmatrix}^{-1}$ による演算となっており，行列計算とはいえども数理的な基本概念は大きく変わらない。

6.3.3 Excel によるマハラノビスの距離の判別

マハラノビスの距離による判別について，自転車購入者の電動アシスト機能の選択の例を用いて Excel での演算を行う（**図 6.16**）。

	A	B	C	D	E	F ②	G	H ④	I	J ⑧	K	L ⑨
1						群1 平均との差		群2 平均との差		マハラノビスの距離		
2	群	購入者	アシスト機能の選択	平均走行距離x1	上り坂平均勾配x2	x1	x2	x1	x2	群1	群2	判定
3		A	あり	3.05	2.72	−0.76	0.02	0.41	1.07	0.84	5.65	あり
4		D	あり	2.52	3.12	−1.29	0.42	−0.12	1.47	2.26	10.38	あり
5	群1	F	あり	3.99	1.76	0.18	−0.94	1.35	0.11	3.35	3.42	あり
6	アシスト機	G	あり	5.04	2.80	1.23	0.10	2.40	1.15	2.54	16.31	あり
7	能選択群	J	あり	3.36	3.28	−0.45	0.58	0.72	1.63	1.22	13.31	あり
8		N	あり	4.31	2.96	0.50	0.26	1.67	1.31	0.89	12.78	あり
9		O	あり	4.41	2.24	0.60	−0.46	1.77	0.59	0.90	7.23	あり
10		B	なし	3.68	1.12	−0.13	−1.58	1.04	−0.53	10.59	3.52	なし
11		C	なし	2.73	1.92	−1.08	−0.78	0.09	0.27	5.74	0.36	なし
12	群2	E	なし	2.42	2.24	−1.39	−0.46	−0.22	0.59	4.91	1.79	なし
13	アシスト機	H	なし	2.73	1.36	−1.08	−1.34	0.09	−0.29	11.69	0.42	なし
14	能非選択群	I	なし	1.68	1.84	−2.13	−0.86	−0.96	0.19	13.12	1.96	なし
15		K	なし	2.21	1.52	−1.60	−1.18	−0.43	−0.13	12.92	0.41	なし
16		L	なし	3.68	2.16	−0.13	−0.54	1.04	0.51	1.34	3.11	あり
17		M	なし	2.00	1.04	−1.81	−1.66	−0.64	−0.61	21.59	2.43	なし
18			①									
19			群1の平均	3.81	2.70							
20		⑤	群1の分散共分散行列	0.77	−0.17							
21				−0.17	0.28							
22			⑥ 逆行列	1.50	0.90							
23				0.90	4.10							
24			③									
25			群2の平均	2.64	1.65							
26		⑦	群2の分散共分散行列	0.53	0.02							
27				0.02	0.21							
28			逆行列	1.87	−0.14							
29				−0.14	4.77							

図 6.16　マハラノビスの距離による判別分析

〈群の平均値との差のベクトルの導出〉

① AVERAGE 関数を使って 19 行に群 1 に属するサンプルについて，平均走行距離 x_1，上り坂平均勾配 x_2 の平均値を算出する。

② F 列に各購入者の平均走行距離と群 1 の平均値の差を，G 列に各購入者の上り坂平均勾配と群 1 の平均値との差を計算する式を入力する。
（例）F3 には「=D3-D$19」，G3 には「=E3-E$19」と入力。

③ AVERAGE 関数を使って 25 行に群 2 に属するサンプルについて，平均走行距離 x_1，上り坂平均勾配 x_2 の平均値を算出する。

④　H列に各購入者の平均走行距離と群2の平均値の差を，I列に各購入者の上り坂平均勾配と群2の平均値との差を計算する式を入力する。

（例）　H3には「=D3-D\$25」，I3には「=E3-E\$25」と入力。

〈分散共分散行列の逆行列の導出〉

⑤　群1について，平均走行距離 x_1，上り坂平均勾配 x_2 の分散共分散行列を求める。D20に平均走行距離 x_1 の分散を求める式「=VAR.S(D3:D9)」を入力，E21に上り坂平均勾配 x_2 の分散を求める式「=VAR.S(E3:E9)」を入力，E20とD21に平均走行距離 x_1，上り坂平均勾配 x_2 の共分散を求める式「=COVARIANCE.S(D3:D9,E3:E9)」を入力する。

⑥　分散共分散行列の逆行列を算出する。D22:E23の2×2のセルを範囲選択した状態で「=MINVERSE(D20:E21)」と入力した後，Ctrlキーと Shiftキーを同時に押した状態でEnterキーを押して確定させる[†]。

⑦　群2についても同様に分散共分散行列を作成し，逆行列を算出する。

〈マハラノビスの平方距離の算出と群の判定〉

⑧　行列の積を計算するMMULT関数，行列を転置するTRANSPOSE関数を使って，J列，K列にマハラノビスの平方距離を求める。

（例）　J3には「=MMULT(MMULT(F3:G3,\$D\$22:\$E\$23),TRANSPOSE(F3:G3))」と入力し，[Ctrl]＋[Shift]＋[Enter]で確定させる。

⑨　各購入者に対し群1と群2それぞれのマハラノビスの平方距離を比較して，値が小さいほうの群に属するよう判定結果を出力する。

（例）　L3には「=IF(J3<K3,"あり","なし")」と入力。

結果をみると，購入者Lはアシスト機能を選択していない群2に所属しているが，マハラノビスの距離による判別では「選択あり」と判定されている。15人中この1人が実際の選択状況とは異なっており誤判別率は6.7％となる。

---

†　Excelにおいて行列計算を行う場合は「配列数式」と呼ばれ，入力式を確定する際には[Ctrl]と[Shift]を同時に押しながら[Enter]を押す必要がある。

演 習 問 題

【1】 商業地域における駐車管理方策の検討の一環として，路上での駐車車両のパーキングメータ利用状況を調査した。駐車時にパーキングメータの手数料を支払うか否かを決定する要因として「目的地までの距離」と「駐車時間」に着目し，実態をまとめたところ**表6.2**のとおりとなった。

(1) 相関比を最大にする線形判別式のパラメータを算出して，判別モデル式を作成し，判別の精度について検討しなさい。

(2) 変数を標準化したデータから判別係数を求め，説明変数の判別への影響度について考察しなさい。

(3) マハラノビスの距離による判別を行い，(1) で得られた線形判別式と判別精度を比較しなさい。

(4) 目的地までの距離100〔m〕，駐車時間20〔分〕の車両が駐車する場合について，パーキングメータ手数料の支払い有無を予測しなさい。

表6.2 パーキングメータの利用実態

駐車車両	手数料の支払い有無	目的地までの距離〔m〕	駐車時間〔分〕	駐車車両	手数料の支払い有無	目的地までの距離〔m〕	駐車時間〔分〕
A	あり	97	30	K	なし	52	25
B	あり	145	39	L	あり	105	32
C	なし	75	20	M	あり	142	56
D	なし	37	7	N	なし	67	37
E	なし	75	12	O	あり	127	32
F	あり	157	59	P	なし	122	16
G	あり	82	25	Q	あり	304	54
H	なし	67	15	R	あり	112	39
I	なし	52	10	S	あり	149	61
J	なし	45	27	T	なし	90	17

7

主 成 分 分 析

主成分分析（principal component analysis）は，複数ある変数相互の関係性から総合化・縮約化した評価軸を見出し，データの特性を明らかにする手法である。縮約化した新たな指標を得るということは，多数の変数から少ない数の合成変数（主成分）で表すことであり，データを総合的に解釈することが可能となる。土木・交通計画の分野では，地域ごとにある複数の交通・経済指標に対して，多数の変数を見るだけでは一見わからない場合でも，総合化した評価軸（主成分）を見出すことができる。また，新たな主成分を用いて地域ごとの特性を把握することができる。主成分分析は，外的変数（目的変数）を持たずに，量的データの変数間の関係から特性を見出す手法である。

7.1 基本的な概念と位置づけ

7.1.1 基本的な概念

〔1〕 総合化・縮約化して得られる主成分とは　　主成分分析において縮約化するとは，多数の変数から少ない数の合成変数（主成分）に情報を凝縮して表すことであり，総合化するとはこれらの合成関数が一部の変数から構成されているのではなく，観測された全変数から合成変数が構成されて表されていることを意味している。この合成変数を**主成分**（principal component）と呼んでおり，データの特性を説明できる新たな評価軸である。

多数の変数を少ない数の主成分に変換することが主成分分析の狙いである。少ない主成分で表現することのメリットはつぎの点が考えられる。

・効率的にデータの解釈が行えること
・変数のウェイトから新たな評価軸（主成分）を作成できること
・総合化した主成分で全体の特性を明らかにできること
・複数の主成分の関係からデータに新たな解釈（位置づけ）を加えられること

　ここで，地域ごとの社会・経済指標を用いて地域構造の特性を明らかにすることを例に説明する。一例として**図7.1**では，ある都市の地域ごとに昼間人口，夜間人口，第3次産業人口などの指標が得られている。図のようにこれらを総合化する評価軸（主成分）を作成することができれば，都市化の進捗状況を客観的に分析できる可能性があるといえる。ここでは分析した結果として，五つの変数から得られる評価軸（主成分）が，ゾーン人口を表す総合指標や居住性・就業性の差異を表す指標として示されたと仮定して説明を行う。

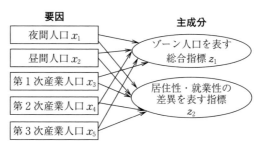

図7.1　複数の変数から抽出された主成分の一例

　では，主成分分析を開始する前として，具体的に順を追って元の観測された変数からみていこう。**表7.1**のようにある市のゾーンごとの人口指標が得られているとする。一見してどのデータを見れば都市化を総合的に判断することができるかわからない。**図7.2**のとおり散布図で夜間人口と昼間人口を示すと，例えば両者の関係から夜間人口と昼間人口ともに増加している様子から，ゾーンごとの開発度合いの違いを表現できるかもしれない。また，夜間人口に対して昼間人口が反比例しているような様子から，ゾーンごとの居住地機能，商業・業務機能の大きさを表現できるかもしれない。商業・業務機能の大きさであれば，第3次産業人口も大きく関連してくると想定できる。このように多数の変数からでは特性の判断ができない場合，総合的な評価軸で変数の数を減らして，効果的に評価できるようになることが主成分分析の特徴である。

　〔2〕　**どのように総合化・縮約化して主成分を見出すのか**　　ある変数のデータには，サンプルのそれぞれの個体の状況により，ばらつきが生じてい

表7.1　ある市のゾーン人口指標〔×1000人〕

ゾーン	夜間人口	昼間人口	第1次産業	第2次産業	第3次産業
1	7.2	68.0	0.1	3.7	23.9
2	28.1	48.7	0.1	4.2	27.1
3	22.6	56.0	0.0	1.8	11.7
4	60.2	43.4	0.1	3.7	24.1
5	46.1	22.1	0.0	1.6	10.6
6	54.0	12.0	0.0	1.0	6.6
7	37.8	45.2	0.0	1.3	8.4
8	1.3	12.5	0.0	1.1	7.0
9	17.0	19.5	0.1	0.9	3.8
10	59.4	32.2	0.3	3.0	12.7
11	83.5	50.9	0.6	5.2	21.7
12	26.3	21.0	0.1	1.3	6.4
13	49.4	41.3	0.3	3.6	18.7
14	68.0	46.3	0.3	3.6	18.7
15	47.4	15.8	0.4	1.5	6.6
16	42.6	18.3	0.3	1.3	5.6
17	78.3	50.4	1.2	4.8	21.1
18	13.4	10.8	0.2	1.0	4.5
19	27.2	25.2	0.4	1.2	6.8
20	36.8	33.7	0.7	2.0	11.4
21	47.5	27.2	0.7	1.8	10.7
22	51.1	23.8	0.0	1.9	11.7
23	38.4	58.2	0.0	4.3	26.1
24	28.1	68.4	0.1	5.5	33.6

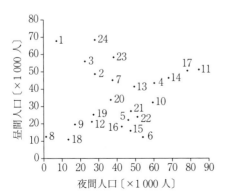

図7.2　夜間人口と昼間人口

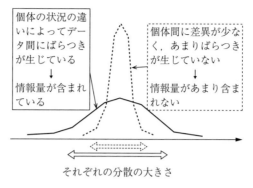

図 7.3　分散の大きさと情報量

る。図 7.3 で示すとおり，データのばらつきは**分散**（variance）で表されるので，分散がそれぞれの個体の状況の違いを表しているといえる。その大きさは変数がもつ情報量を表しているといえる。

　縮約化するということは，図 7.4 に示すとおりデータ数と同じ，もしくは少ない数の主成分で置き換えることであり，それは主成分のもつ情報量はもともとのデータの情報より少なくなる可能性がある。つまり，各変数がもつ情報量を極力失わせないように，情報量が最大となる主成分を見つければよいといえる。

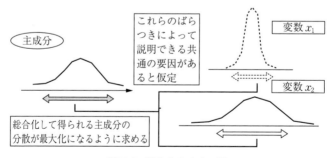

図 7.4　縮約化のイメージ

　主成分を図 7.5 のように数式で表すと，変数 x_1 と変数 x_2 をそれぞれの係数 a_1，a_2 で，両者の変数を総合的に主成分 z に置き換えることを表現している。この式は，後述するがサンプルの個体ごとに成立している。

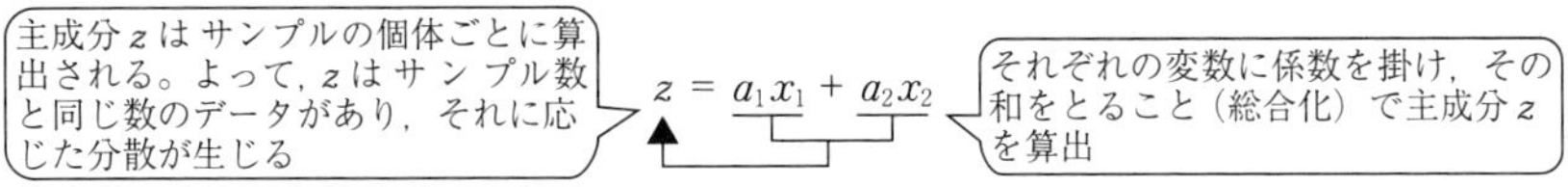

主成分 z はサンプルの個体ごとに算出される。よって，z はサンプル数と同じ数のデータがあり，それに応じた分散が生じる

$z = a_1 x_1 + a_2 x_2$

それぞれの変数に係数を掛け，その和をとること（総合化）で主成分 z を算出

図7.5　主成分 z の数式表現（総合化のイメージ）

7.1.2　主成分分析の結果のイメージ

前出したデータに関して，主成分分析の結果を示すことでその位置付けを明確にする。まず，**表7.2** に各変数の分散を算出した。最大は夜間人口の 445.6 から最小は第 1 次産業人口の 0.1 であり，単位はともに人口であるが，大きく数値が異なっている。主成分分析において，このような場合はデータを標準化する必要がある（詳細は 7.3.1 項参照）。標準化することで標準偏差が 1（分散も 1）となり，つまり各変数の情報量が 1 となり，合計の情報量が 5 となることを意味している。

表7.2　サンプルデータの分散

	夜間人口	昼間人口	第 1 次産業人口	第 2 次産業人口	第 3 次産業人口	合計
分散	445.6	320.1	0.1	2.2	72.2	840.3
標準化したデータの分散	1	1	1	1	1	5

標準化していることの意味を考えて主成分分析の本質を見ると，変数それぞれの分散の大きさが主成分分析で重要ではなく，変数内のおける個々の個体の位置付けと個々の個体が複数の変数間で相対的に位置づけられているかの関係性から分析される手法であるといえる。

つぎに，推計される各主成分の分散（情報量）は**表7.3** のとおりとなり，全体の合計は 5 となり，標準化された後のデータの情報量を主成分として変換された後も同じく保持していることがわかる。また，第 1 主成分が全体の情報量 5 のうちの 6 割を占めるように縮約化されたことがわかる。このように情報

表7.3　主成分の分散

	第 1 主成分	第 2 主成分	第 3 主成分	第 4 主成分	第 5 主成分	合計
分散	2.94	1.40	0.46	0.19	0.02	5

量を定義することで，それぞれの主成分が持つ情報量から，主成分の重みを定量的に示すことができる。導出された主成分の意味を解釈すると（解釈の具体的な方法は7.3.6項を参考に），第1主成分は，ゾーンの人口規模を表す総合的指標と解釈でき，第2主成分は総合的に居住地に関する人口と就業地に関す

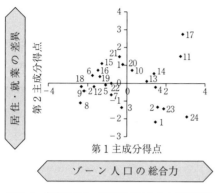

る人口の差異と解釈することができる。ゾーンごとの主成分得点（7.2.5項で説明）を**図7.6**のようにプロットすると，解釈した主成分に関してそれぞれのゾーンの位置付けを把握することができる。詳細な解説は，7.3.6項で確認していただきたい。さらに，これらの主成分得点をクラスター分析することで，類似性に基づき分類することが可能になる。

図7.6　主成分によって位置付けられた個体の例

7.2　主成分分析の解法と手順

7.2.1　主成分の求め方（2変数でのイメージ）

変数を2個とした場合，主成分は新たに設けるグラフ上の軸として描画でき解釈しやすいので，情報量とその分散の最大化を具体的なイメージとして考えてみる。**図7.7**で示すとおり個体Aが持つ情報量は2変数のそれぞれの平均

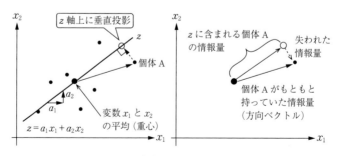

図7.7　主成分と個体の情報量

値（重心）からの相対的な位置関係（方向ベクトル）であると表されるとする。個体 A を主成分 z に垂直投影した点へ重心からの方向ベクトルが主成分 z 上での個体 A の情報量とすることができる。個体 A がもともと持つ方向ベクトルとなるためには，投影した点から個体 A までのベクトルが欠損しており，この部分が投影したことにより（主成分で表したことにより）失われた情報量である。主成分 z の分散を最大化するということは，個々の個体が持つ情報量を最大限抽出するために主成分 z の傾きを求めていることであり，同時に失われてしまう情報量を最小化するということである。

ここで，主成分 z の傾きは a_1，a_2 の比率として a_2/a_1 で表すことができる。主成分 z の傾きを求めているので，その比率に意味があり，同じ比率になるのであれば a_1，a_2 の大小に意味がないといえる。しかし，主成分の分散を a_1，a_2 で大きくしようとすると同時に，a_1，a_2 が大きくなればなるほど，主成分も大きくなるので，何かしらの制約を持つ必要がある。そこで係数の平方和を 1 にするという条件を設定することにする。

ここで求めた主成分 z を第 1 主成分として z_1（$= a_{11}x_1 + a_{12}x_2$）と添え字を加えて表す。つぎに第 2 主成分を求めるが，第 1 主成分と第 2 主成分は互いに独立（無相関）であることを仮定する。第 1 主成分に反映された情報量に，第 2 主成分からの情報量を含めないための処置である。第 1 主成分を求める過程で失われた情報量を第 2 主成分で最大限表現するためには，失われた情報量と同じ方向ベクトルを有しているほうがよい。しかし，2 変数であれば失われた情報量と同じ方向ベクトルを有している軸は容易に理解できるが，多変数であると第 2 主成分を付加しても失われた情報量をすべてカバーできるとは限らない。そこで，第 2 主成分を求める際は，係数の平方和が 1 になる条件に，第 2 主成分と第 1 主成分が直交していることを加えて，第 2 主成分の分散を最大化することを行っている（**図 7.8**）。

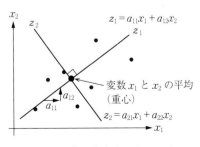

図 7.8　第 2 主成分のイメージ

7.2.2　主成分の一般化

主成分 z は，n 個の変数 x が主成分にどれほど影響しているかを表す係数（ウェイト）a を用いて，つぎのとおり表される。

$$z = a_1 x_1 + a_2 x_2 + a_3 x_3 + \cdots + a_n x_n \tag{7.1}$$

係数の大きさにより z の値も変化することから，係数の平方和が 1 となる条件下で，z の分散が最大になるウェイトを算出する。

$$a_1^2 + a_2^2 + a_3^2 + \cdots + a_n^2 = 1 \tag{7.2}$$

このときの z を第 1 主成分と呼び

$$z_1 = a_{11} x_1 + a_{12} x_2 + a_{13} x_3 + a_{14} x_4 + \cdots + a_{1n} x_n \tag{7.3}$$

と表す。つぎに，z_1 とは互いに独立（無相関）な z のなかで，式が満たされ，かつ，分散が最大となる係数を算出する。これを第 2 主成分と呼ぶ。第 1 主成分と第 2 主成分が互いに独立（無相関）ということは，第 1 主成分と第 2 主成分は直交していることになるので，それぞれのウェイトはつぎの条件を満たす必要がある。

$$a_{11} a_{12} a_{13} \cdots a_{1n} + \cdots + a_{m1} a_{m2} a_{m3} \cdots a_{mn} = \sum_{i}^{m} \sum_{j}^{n} a_{ij} = 0 \tag{7.4}$$

このときの z を第 2 主成分と呼び

$$z_2 = a_{21} x_1 + a_{22} x_2 + a_{23} x_3 + a_{24} x_4 + \cdots + a_{2n} x_n$$

で表される。同様の制約条件下に置いて，第 m 主成分（$m < n$）まで算出することができる。

$$z_m = a_{m1} x_1 + a_{m2} x_2 + a_{m3} x_3 + a_{m4} x_4 + \cdots + a_{mn} x_n = \sum_{j}^{n} a_{mj} x_j \tag{7.5}$$

　　　$m \leqq n$　　　m：主成分の個数　　n：変数の個数

具体的な解法に関しては，例題を示しながら 7.3 節で説明する。

7.2.3　主成分の求め方（ラグランジュ未定乗数法）

2 変数に対して，第 1 主成分の基本式は $z = a_1 x_1 + a_2 x_2$ となる（本例では，第 1 主成分のみを算出するので，添え字 m は省略する）。主成分の分散は，次式で表され，主成分の平均値はそれぞれの変数の平均値から $a_1 \overline{x}_1 + a_2 \overline{x}_2$ と表

される。

$$Var(z) = \frac{1}{q-1}\sum_{\kappa=1}^{q}(z_1 - \overline{z})^2$$

$$= \frac{1}{q-1}\sum_{\kappa=1}^{q}(a_1 x_{\kappa,1} + a_2 x_{\kappa,2} - a_1 \overline{x}_1 - a_2 \overline{x}_2)^2$$

$$= \frac{1}{q-1}\sum_{\kappa=1}^{q}(a_1(x_{\kappa,1} - \overline{x}_1) + a_2(x_{\kappa,2} - \overline{x}_2))^2 \quad (7.6)$$

$x_{k,1}$：変数1における k 番目のデータ

q：観測サンプル数

新たな主成分 z に対して，ウェイト a の二乗和が1となる制約条件のもと，その分散 $Var(z)$ が最大になる a_1，a_2 を推定することになる。

$$a_1^2 + a_2^2 = 1$$

ここで，$Var(z)$，$a_1^2 + a_2^2 = 1$ に対して，ラグランジュ未定乗数法を適用する。ラグランジュ未定乗数法を用いることで主成分のウェイトを数学的に求めることができる。ラグランジュ未定乗数法とは，変数 α，β，$\cdots\omega$ が条件式 $g(\alpha, \beta, \cdots, \omega) = 0$ を満たし，関数 $f(\alpha, \beta, \cdots, \omega)$ が最大値（または最小値）を取る場合

$$\frac{\partial L}{\partial \alpha} = 0, \ \frac{\partial L}{\partial \beta} = 0, \ \cdots \frac{\partial L}{\partial \omega}, \ \frac{\partial L}{\partial \lambda} = 0 \quad (7.7)$$

が成り立つ。ただし

$$L = f(\alpha, \beta, \cdots, \omega) - \lambda g(\alpha, \beta, \cdots, \omega) \qquad \lambda は定数 \quad (7.8)$$

とする。よって，2変数における主成分分析では

$$L = Var\left(\frac{1}{q-1}\sum_{\kappa=1}^{q}(a_1(x_{\kappa,1} - \overline{x}_1) + a_2(x_2(x_{\kappa,2} - \overline{x}_2))^2)\right) - \lambda(a_1^2 + a_2^2 - 1)$$

$$(7.9)$$

となるので，a_1，a_2 および λ で偏微分して，ゼロと置く。

$$\frac{\partial L}{\partial a_1} = 2\left\{\frac{1}{q-1}\sum_{\kappa=1}^{q}(x_{\kappa,1} - \overline{x}_1)^2 a_1 + \frac{1}{q-1}\sum_{\kappa=1}^{q}(x_{\kappa,1} - \overline{x}_1)(x_{\kappa,2} - \overline{x}_2)a_2 - \lambda a_1\right\}$$

$$= 0 \quad (7.10)$$

$$\frac{\partial L}{\partial a_2} = 2\left\{ \frac{1}{q-1}\sum_{i=1}^{q}(x_{\kappa,2}-\overline{x}_2)^2 a_2 + \frac{1}{q-1}\sum_{\kappa=1}^{q}(x_{\kappa,1}-\overline{x}_1)(x_{\kappa,2}-\overline{x}_2)a_1 - \lambda a_2\right\}$$

$$= 0 \tag{7.11}$$

$$\frac{\partial L}{\partial \lambda} = a_1^2 + a_2^2 - 1 = 0 \tag{7.12}$$

この3式の連立方程式を解けばよい。

ここで，変数1，2の分散，共分散を s_{11}, s_{22}, s_{12} と表すと式 (7.10)，(7.11) はつぎのように整理できる。

$$\frac{\partial L}{\partial a_1} = 2\{s_{11}a_1 + s_{12}a_2 - \lambda a_1\} = 0 \tag{7.13}$$

$$\frac{\partial L}{\partial a_2} = 2\{s_{22}a_2 + s_{12}a_1 - \lambda a_2\} = 0 \tag{7.14}$$

つぎのように整理できる。

$$(s_{11} - \lambda)a_1 + s_{12}a_2 = 0 \tag{7.15}$$

$$s_{12}a_1 + (s_{22} - \lambda)a_2 = 0 \tag{7.16}$$

この式を行列の形で表すと

$$\begin{bmatrix} s_{11}-\lambda & s_{12} \\ s_{21} & s_{22}-\lambda \end{bmatrix}\begin{bmatrix} a_1 \\ a_2 \end{bmatrix} = \begin{bmatrix} 0 \\ 0 \end{bmatrix} \tag{7.17}$$

となり，$(a_1,\ a_2)$ が $(0,\ 0)$ 以外の解を持つためには左側の行列式が0とならなければならない。

$$\begin{vmatrix} s_{11}-\lambda & s_{12} \\ s_{21} & s_{22}-\lambda \end{vmatrix} = 0 \tag{7.18}$$

つぎにこの行列式を展開し，解の公式を用いて λ を求める。ただし，λ は大きいほうを採用するものとする。大きいほうを採用する理由は7.3節で後述する。採用した λ を式 (7.15)，(7.16) に代入し，$a_1^2 + a_2^2 = 1$ を条件に a_1, a_2 を算出することができる。

$$\lambda^2 - (s_{11} + s_{22})\lambda + s_{11}s_{22} - s_{12}s_{21} = 0 \tag{7.19}$$

x_1（夜間人口）の不偏分散 $s_{11} = 445.6$, x_2（昼間人口）の不偏分散 $s_{22} = 320.1$, x_1, x_2 の共分散 $s_{12} = 48.8$ となるので

$$\lambda^2 - 765.7\lambda + 140\,255.1 = 0 \tag{7.20}$$

となり，大きいほうの λ からを第1主成分，第2主成分として，式 (7.15)，(7.16) に代入すると次式が得られる。

$$\lambda_1 = 462.3,\ \lambda_2 = 303.4 \tag{7.21}$$

$$-16.7a_1 + 48.8a_2 = 0 \tag{7.22}$$

$$48.8a_1 - 142.2a_2 = 0 \tag{7.23}$$

これと制約条件式より，$a_1,\ a_2$ を求めると下記のとおりとなる。

$$a_1 = 0.946,\ a_2 = 0.324 \tag{7.24}$$

$$a_1 = -0.324,\ a_2 = 0.946 \tag{7.25}$$

$a_1,\ a_2$ の組合せとして2通りの解が得られるが，主成分の分散が最も大きくなる $a_1,\ a_2$ は，$a_1 = 0.946,\ a_2 = 0.324$ となる。よって，第1主成分はつぎのとおり表される。

$$z_1 = 0.946x_1 + 0.324x_2 \tag{7.26}$$

算出された主成分軸 z は x_1 と x_2 の平均値を中心として，分散を最大化して算出したので，z は平均値を通る直線として描くことができる（**図 7.9**）。

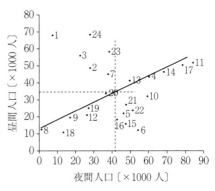

図 7.9 第1主成分の傾きと重心

7.2.4　主成分の求め方（分散共分散行列，相関行列）

式 (7.13)，(7.14) は整理すると**固有値** λ（eigenvalue）の問題として考えることができる。

$$\begin{bmatrix} s_{11} & s_{12} \\ s_{21} & s_{22} \end{bmatrix} \begin{bmatrix} a_1 \\ a_2 \end{bmatrix} = \lambda \begin{bmatrix} a_1 \\ a_2 \end{bmatrix} \tag{7.27}$$

変数が n 個として一般化すると，n 個の変数の分散共分散行列を考えていることになる。

$$\begin{bmatrix} s_{11} & \cdots & s_{1n} \\ \vdots & \ddots & \vdots \\ s_{n1} & \cdots & s_{nn} \end{bmatrix} \begin{bmatrix} a_1 \\ \vdots \\ a_n \end{bmatrix} = \lambda \begin{bmatrix} a_1 \\ \vdots \\ a_n \end{bmatrix} \tag{7.28}$$

左辺の第1項は分散共分散行列であり，n 次の正方行列 $A=(s_{nn})$ これは，$a \neq 0$ であり，ある数 λ が $Aa=\lambda a$ を満たしているとき，λ を A の**固有値**，a を固有値 λ に対する**固有ベクトル**と呼び，**固有値問題**と呼ばれる。これは，単位行列 E を用いて，固有値は $|A-\lambda E|=0$ の固有方程式を解くことによって求められる。

$$\begin{bmatrix} s_{11}-\lambda & \cdots & s_{1n} \\ \vdots & \ddots & \vdots \\ s_{n1} & \cdots & s_{nn}-\lambda \end{bmatrix} = 0 \tag{7.29}$$

λ は n 個求められるので，大きい順に $\lambda_1 > \lambda_2 > \cdots, > \lambda_n$ とする。ここで固有値問題を簡単に解釈すると，固有ベクトルは，行列 A により一次変換（線形変換）しても方向が変わらないベクトルのことであり，固有値はベクトルを拡大・縮小する比率のスカラー量である。よって，2変数の例で示したとおり，データを総合化した主成分の分散の最大化する方向を決めることと同じであるとイメージできるといえる。

　主成分分析では，すべての変数の測定単位が異なる場合や各変数の分散の大きさが異なる場合は，標準化したデータを用いなければならない。これは算出している固有ベクトルは主成分の軸の傾きを求めているので，単位が異なるとその傾きも異なってしまうためである。この点は，2変数の例で示していることからも明らかである。データの標準化にともない，平均値0，標準偏差1となるので，標準化して得られた各主成分の分散の合計値（固有値の合計）は変数の n 個数と同じ n になる。

　標準化したいデータを用いて主成分分析を実施するとその計算過程において，分散共分散行列の分散の欄が1となり，共分散の欄が相関係数 r となる相関行列として表される。分散共分散行列と同様に，固有値問題に帰着し，解を得ることができる。

$$\begin{bmatrix} 1 & \cdots & r_{1n} \\ \vdots & \ddots & \vdots \\ r_{n1} & \cdots & 1 \end{bmatrix} \tag{7.30}$$

7.2.5 主成分分析の結果の解釈方法

主成分の分散を最大化することで得られた結果を解釈する。

〔1〕 **主成分得点** 　**主成分得点**（principal component score）は，7.2.1 項で説明した主成分に投影した個体Aに対して，主成分の平均からの距離である。これは先述した主成分上での個体Aの情報量を表しており，それぞれの個体の主成分上での位置づけを読み取ることができる（**図 7.10**）。例えば，主成分1と主成分2の主成分得点で散布図を作成し，それぞれの個体の位置から個体の特性を明らかにすることができる（図 7.6 参照）。

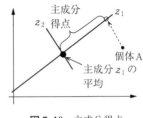

図 7.10 主成分得点

〔2〕 **寄与率，累積寄与率** 　**寄与率**（proportion）はそれぞれの主成分が全変数に対してどの程度の情報量を有しているかをその割合で表した指標である。なお，主成分 z_i が持つ情報量を分散で表していたが，これは分散共分散行列・相関行列から算出される**固有値** λ_i（eigenvalue）と等しくなる。そのため主成分の情報量を固有値でよく表すことがあり，下記の寄与率の式も固有値で表現した。

$$p_i = \frac{\lambda_i}{\sum_j s_{x_j}}$$

累積寄与率（cumulative proportion）は情報量の大きい（固有値の大きい）主成分から累積した寄与率の和として表される。第 k 主成分の累積寄与率は下記で表される。縮約化する主成分をいくつまで求めてよいかを検討する場合に累積寄与率を用いる場合がある。

$$cp_\kappa = \sum_i^\kappa \frac{\lambda_i}{\sum_j s_{x_j}}$$

〔3〕 **主成分負荷量** 　推計された主成分であるが，それぞれの主成分の解

釈は自動で統計的に指示されるわけではなく，得られた結果を分析者が判断しなければならない。この判断に主成分分析では**主成分負荷量**（principal component loading）と呼ばれる指標を用いる。もとの変数と主成分との間にどの程度の関係があるか見るための指標であり，もとのデータと主成分得点との相関係数で表される。相関係数と同様の意味を持っているので，1か−1に近いほど変数が主成分に対して強い相関を有しているといえる。

標準化していない変数 x_j に対する主成分 z_i の主成分負荷量 r_{x_j, z_i} は

$$主成分負荷量\ r_{x_j, z_i} = \frac{s_{x_j, z_i}}{\sqrt{s_{x_j}}\sqrt{s_{z_i}}} = \frac{\sqrt{\lambda_i} \times a_{ij}}{\sqrt{s_{x_j}}}$$

で表される。ここで，s_{x_j, z_i} は共分散，s_{x_j}, s_{z_i} は分散を表している。また，λ_i は主成分の分散と等しいので $\lambda_i = s_{z_i}$ である。上記の主成分負荷量は分散共分散行列から算出した場合を意味している。

標準化している変数 x_j^* に対して主成分 z_i の相関係数 $r_{x_j^*, z_i}$ は

$$主成分負荷量\ r_{x_j^*, z_i} = \frac{s_{x_j^* z_i}}{\sqrt{s_{x_j^*}}\sqrt{s_{z_i}}} = \sqrt{\lambda_i} \times a_{ij}$$

説明変数を標準化しているので，説明変数の分散は1であり，上記式が得られる。上記の主成分負荷量は相関行列から算出した場合に該当する。

主成分負荷量を用いて主成分の解釈を行う。ただし，この結果の解釈は，分析者の主観的な判断に大きく寄るため，分析者が偏見を持たず，幅広い知識から公平に判断すべきである。具体的な解釈の方法は，7.3.5 項の Excel での演習の中で説明する。

〔4〕 **主成分の個数と選択基準**　求められる主成分の個数は，変数の数が上限となる。しかしながら，情報量の大きい主成分から順次求めていることから，情報量を多く有していない主成分も存在する可能性がある。また，主成分分析の本質はなるべく少ない主成分で効率よく全データの特性を把握することであるが，縮約した主成分の数が少なすぎて十分な情報量を有していなければ意味がない。よって，解釈するべき主成分としての数を決定する必要があり，下記の基準が用いられている。ただし，理論的に定める方法はないので，参考

文献1）等により整理された方法をここに示す。

（1）　**累積寄与率による基準**　　累積寄与率がある程度以上（例えば80％以上）となる主成分までを選択する。これは主成分がもとのデータを代表している以上，選択されるべき主成分は少なくとももとのデータの大部分の情報量を有している必要があるとの考え方による。

（2）　**カイザー基準**　　変数を標準化した際に用いることができる基準であり，固有値を大きい順に並べて，固有値が1以上の主成分を選択する。標準化した各変数の情報は分散として1で表されるので，主成分として変換された情報量が元の変数1個以上の情報量を持っているべきであるとの考え方による。

（3）　**スクリープロットを用いた基準**　　固有値を大きい順に並べて，主観的に見て傾きがなだらかになるところの直前の主成分を採用する方法である。

7.3　Excelを用いた主成分分析の演習

7.1.1項で示したある市のゾーンごとの人口指標データに対して，ゾーンごとの特性を把握することを目的とする。ここではExcelのソルバー機能を用いて分散が最大となる主成分から逐次，計算していくことにする。

7.3.1　第1主成分の算出

第1主成分を下記の手順に沿って，ソルバーを用いて算出する（**図7.11**）。

① まず，もとのデータの分散と平均値を算出する。それぞれの人口指標の単位は同じであるが，分散の値が大きく異なるので，データを標準化することと判断する。C28に「=VAR.S（C4:C27）」を入力し，他の変数にもコピーする。以降，数式のコピーする表現は省略する。

② 各変数を標準化する。J4に「=STANDARDIZE（C4,AVERAGE（C\$4:C\$27），STDEV.S（C\$4:C\$27））」と入力。

③ 標準化したデータの分散と平均値を①と同様に算出する。これは，7.1.1項で説明したとおり，各変数でばらつきがもつ情報量を標準化することで1として統一しており，その相対的な変動の中で個体間の関係性を見出そうとしていることを理解していただきたい。

元データ　　　　　　　　　　　　　　　　　（単位：千人）

ゾーン	夜間人口	昼間人口	第1次産業人口	第2次産業人口	第3次産業人口
1	7.2	68	0.1	3.7	23.9
2	28.1	48.7	0.1	4.2	27.1
3	22.6	56	0	1.8	11.7
4	60.2	43.4	0.1	3.7	24.1
5	46.1	22.1	0	1.6	10.6
6	54	12	0	1	6.6
7	37.8	45.2	0	1.3	8.4
8	1.3	12.5	0	1.1	7
9	17	19.5	0.1	0.9	3.8
10	59.4	32.2	0.3	2	21.7
11	83.5	50.9	0.6	5.2	21.7
12	26.3	21	0.1	1.3	6.4
13	49.4	41.3	0.3	3.6	18.7
14	68	46.3	0.3	3.6	18.7
15	47.4	15.8	0.4	1.5	5.6
16	42.6	18.3	0.3	1.3	5.6
17	78.3	50.4	0.2	4.8	21.1
18	13.4	10.8	0.2	1	4.5
19	27.2	25.2	0.4	1.2	6.8
20	38.8	33.7	0.7	2	11.4
21	47.5	27.2	0.7	1.8	10.7
22	51.1	23.8	0	1.9	11.7
23	38.4	58.2	0	4.3	26.1
24	28.1	68.4	0.1	5.5	33.6
分散	445.6	320.1	0.1	2.2	72.2
平均	40.5	35.5	0.3	2.6	14.1

①

標準化したデータ

ゾーン(i)	夜間人口 $X_{i,1}$	昼間人口 $X_{i,2}$	第1次産業人口 $X_{i,3}$	第2次産業人口 $X_{i,4}$	第3次産業人口 $X_{i,5}$
1	-1.577	1.819	-0.501	0.765	1.148
2	-0.587	0.740	-0.501	1.099	1.524
3	-0.847	1.148	-0.835	-0.503	-0.288
4	0.934	0.444	-0.501	0.765	1.171
5	0.266	-0.746	-0.835	-0.637	-0.417
6	0.640	-1.311	-0.835	-1.037	-0.888
7	-0.127	0.545	-0.835	-0.837	-0.676
8	-1.856	-1.283	-0.835	-0.971	-0.841
9	-1.113	-0.892	-0.501	-1.104	-1.217
10	0.896	-0.182	0.167	0.298	-0.170
11	2.038	0.863	1.169	1.766	0.889
12	-0.672	-0.808	-0.501	-0.837	-0.911
13	0.422	0.327	0.167	0.698	0.536
14	1.303	0.606	0.167	0.698	0.536
15	0.327	-1.099	0.501	-0.704	-0.888
16	0.100	-0.959	0.167	-0.837	-1.006
17	1.791	0.835	3.174	1.499	0.818
18	-1.283	-1.378	-0.167	-1.037	-1.135
19	-0.629	-0.573	0.501	-0.904	-0.864
20	-0.175	-0.098	1.504	-0.370	-0.323
21	0.332	-0.461	1.504	-0.503	-0.405
22	0.503	-0.651	-0.835	-0.437	-0.288
23	-0.099	1.271	-0.835	1.165	1.407
24	-0.587	1.842	-0.501	1.966	2.289
分散	1.000	1.000	1.000	1.000	1.000
平均	0.000	0.000	0.000	0.000	0.000

② ③

主成分得点

第1主成分
1.654
2.275
-1.325
2.813
-2.370
-3.432
-1.931
-5.786
-4.827
1.009
6.725
-3.730
2.150
3.311
-1.861
-2.534
8.118
-5.001
-2.470
0.538
0.466
-1.708
2.909
5.009
分散 13.700
平均 0.000

⑥ ⑦

	a11	a12	a13	a14	a15
係数1	1	1	1	1	1
係数1の二乗	1	1	1	1	1

④

係数1の二乗和　5

⑤

図 7.11　第1主成分の算出手順

④ 係数の初期値を J32 に「1」を入力。係数の二乗値を J33 に「=J32^2」と入力。なお，ここでは初期値を1としたが，この後の操作でソルバーにいて解が見つからない場合には，初期値を適宜変更してもかまわない。

⑤ 係数の二乗和が1となる制約条件を計算するためのセルを用意する。J35 に「=SUM(J33:N33)」と入力。本制約条件に関しては，7.2.1項で説明しているが，$a_{11}^2 + a_{12}^2 + a_{13}^2 + a_{14}^2 + a_{15}^2 = 1$ を表している。

⑥ 各ゾーンの主成分得点を計算する列 Q を用意する。Q4 に「=SUMPRODUCT($J4:$N4,$J$32:$N$32)」と入力。

これは，$z_1 = a_{11}x_1 + a_{12}x_2 + a_{13}x_3 + a_{14}x_4 + a_{15}x_5$ を表している。

⑦ 主成分得点の分散が最大となるように計算するために，主成分得点の分散を計算する。Q28 に「=VAR.S(Q4:Q27)」を入力。

⑧ ソルバーを用いて，係数の平方和が1であるという条件下で，主成分得点の分散を最大化する。

目的セル：第1主成分の分散を最大化するので，「Q28」を入力。

目標値：「最大値」を選択。

変数セル：変化させるセルは各係数であるので，「J32:N32」を入力。

制約条件：係数の平方和を1とするので，「J35＝1」と入力。

＊「制約のない変数を非負数にする」はチェックを外す。

⑨ 第1主成分の算出結果の確認を行う。まず，ソルバーにおいて設定した制約条件が満たされているかを確認する。係数の平方和が1という制約条件は下記の例では満たされているといえる。

第1主成分の分散と平均値を見ると，分散は 2.938 となっている。第5主成分まで算出後，寄与率を求めるが，ここでは標準化しているので，全体の情報量（すべての主成分の分散の合計）は5である。よって，おおよそ6割の情報量を有していることがこの結果より推察できる（**図7.12**）。

図7.12 第1主成分の算出手順⑨

7.3.2　第2主成分の算出

第2主成分を下記の手順に沿って，ソルバーを用いて算出する。第1主成分の算出に続き，第1主成分と無相関な関係性を制約条件として付与して，つぎに分散が大きな主成分の軸を算出する（**図7.13**）。

⑩ 係数2の初期値（＝1）と二乗値を用意する（④と同様）。

⑪ 係数2の2乗値の和が1となる制約条件を計算するためのセル（J41）を用意する（⑤と同様）。

⑫ 各ゾーンの第2主成分得点を計算する列Rを用意する（⑤と同様であるが，係数2と標準化したデータの積和となるように変更する）。

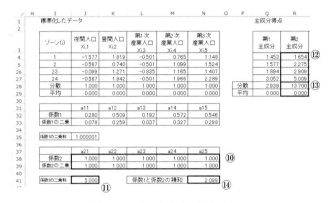

図7.13　第2主成分の算出手順

⑬ 第2主成分得点の分散が最大となるように計算するために，主成分得点の分散を計算する。R28に「=VAR.S（R4:R27）」を入力。

⑭ 第1主成分と第2主成分が無相関であるということを表すために，係数1と係数2の積和が0となる条件を計算できるセルN41を用意する。N41に「=SUMPRODUCT（J32:N32,J38:N38）」と入力

これは，$a_{11}a_{21} + a_{12}a_{22} + a_{13}a_{23} + a_{14}a_{24} + a_{15}a_{25} = 0$ に該当する。

⑮ ソルバーを用いて，上記の⑪，⑭の制約条件のもと，主成分得点の分散を最大化する。

目的セル：「R28」の分散を最大化する

変数セル：第2主成分の係数2を変化させるので，「J38:N38」を入力

制約条件：係数の2乗和を1とするので，「J41=1」を入力

　　　　　係数1と係数2の積和を0とするので，「N41=0」を入力

結果は紙面の都合上，つぎの節に掲載する。なお，本書で記している係数の符号が正負反対で算出される場合もある。7.2.1項で示したとおり係数によって主成分の傾きが定められているので，本書とすべての係数の正負が反転していれば，傾きとしては同じであるので，問題がない。また，この後，軸の意味は逆の意味になることになるが，主成分得点も正負が反対に算出されるので，各ゾーンの位置付けの解釈は変わらないことになる。

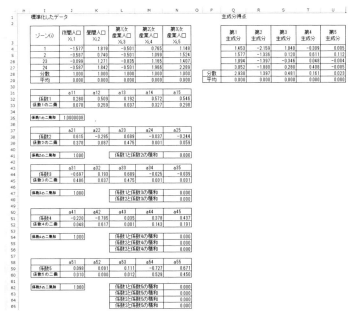

7.3.3　残りの主成分の算出

　変数は五つあるので，最大五つまで主成分を算出することができる。第3主成分以降，第5主成分までソルバーを用いて算出する。制約条件として，算出する主成分とすでに算出した主成分との関係性が無関係との制約条件をそれぞれ設定して，計算することとする（**図7.14**）。

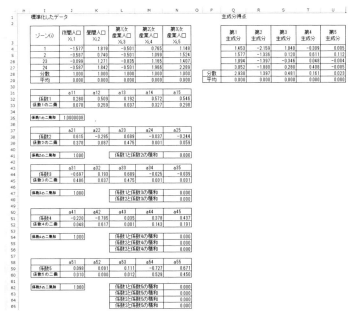

図7.14　残りの主成分の算出

7.3.4　寄与率，累積寄与率，スクリープロット

　算出した分散から寄与率，累積寄与率を算出して（**図7.15**），分散のスクリープロットのグラフを作成する。また，解釈すべき主成分の個数を判断する。

　⑯ 主成分の分散から，各主成分の寄与率を計算する。まず，分散の合計値を算出する。Q32 に「=SUM(Q28:U28)」を入力。前述したとおり，各主成分の分散の合計値は5となり，標準化したデータの情報量と一致することが確認できる。つぎに寄与率を算出する。Q35 に「=Q28／$Q$32」を入力。

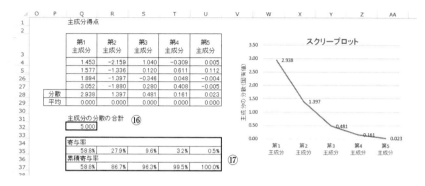

図7.15 寄与率，累積寄与率の算出からスクリープロットのグラフ

⑰ 寄与率の大きい主成分から，寄与率を累積的に足し合わせて，累積寄与率を算出する。第1主成分の累積寄与率は第1主成分の分散であるので，Q37に「=Q35」を入力。第2主成分以降は，前の主成分までの累積寄与率と当該主成分の寄与率は，R35に「=R35+Q37」と入力。

⑱ スクリープロットは，主成分の分散を大きい順に並べたグラフであるので，主成分の分散を選択し折れ線グラフを作成する。

ここで，解釈すべき主成分の個数を7.2.5〔4〕の基準に照らして判断する。累積寄与率の基準を80％とすると第2主成分となり，カイザー基準でも1以上の分散（固有値）は第2主成分以上であり，スクリープロットを見ても第2主成分までと判断することができる。よって，第2主成分まで解釈すべき主成分と選択して，以降の分析を行うこととする。

7.3.5　主成分負荷量の算出および主成分の解釈

選択した第2主成分までの主成分負荷量を算出し，主成分の意味を解釈する。

⑲ 主成分負荷量は，7.2.5項〔3〕で示した式で算出できる。第1主成分と夜間人口との主成分負荷量は，Q41に「=SQRT($Q$28)*J32」と入力（**図7.16**）。適宜参照範囲を注意しながら主成分負荷量を求める。なお，標準化したデータと主成分との相関係数と同じになる。

⑳ 第1主成分と第2主成分の意味を解釈するために，それぞれの負荷量を降順に並び替えて，棒グラフを作成する。

（a）　主成分負荷量の算出

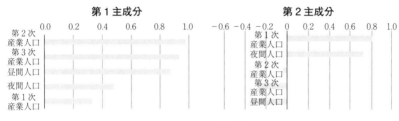

（b）　各主成分負荷量

図7.16　主成分負荷量の算出および主成分の解釈のためのグラフ

第1主成分：すべての変数の主成分負荷量がプラスとなっている。よって，それぞれ人口の大きさが総合的に見て大きいゾーンを表しているといえる。よって，ゾーンの人口規模を表す総合的指標と解釈することができる。もしくは，夜間人口と第1次産業人口の主成分負荷量が0.6を下回るので，第2次，第3次，昼間人口のみを解釈することも可能である。

第2主成分：第1次産業人口，夜間人口がプラスで，第3次産業人口，昼間人口がマイナスである。農林業など居住に隣接していると考えられる人口と居住地の人口を表す夜間人口なので居住地に関する人口と解釈でき，第3次人口と昼間人口は就業地に関する人口と解釈することができる。よって，総合的に居住地に関する人口と就業地に関する人口の差異と解釈することができる。

7.3.6　主成分得点の算出とそれぞれの地域の解釈

第1主成分と第2主成分の主成分得点を散布図として描き，各データの位置

付けを明らかにする（図7.6を参照）。例えば，グラフの象限ごとに意味合い
を考察するならば，第1象限は両成分ともにプラスであるので，総合力が大き
く，また，居住・就業の差異が大きくなるので居住性の高いゾーンであるとま
とめることができる。

演 習 問 題

【1】表7.4では，ある九つの地域から首都への所要時間〔h〕と運賃〔万円〕が交
通手段別（航空，鉄道，バス）に示されている。それぞれの交通手段はおのおのの
特性を踏まえ料金を設定するなど，地域と交通手段ごとに特性があると考えられ
る。主成分分析を用いて，特性を分析せよ。

表7.4

地域	航空		鉄道		バス	
	所要時間〔h〕	運賃〔万円〕	所要時間〔h〕	運賃〔万円〕	所要時間〔h〕	運賃〔万円〕
1	1.7	3.5	3.8	1.7	8.0	0.6
2	1.4	3.4	4.1	1.9	7.0	0.9
3	1.5	1.5	2.7	1.5	6.2	0.5
4	1.8	3.0	6.0	2.1	9.5	0.9
5	2.6	1.8	4.0	1.9	9.6	0.7
6	1.4	1.5	5.0	2.3	13.1	0.6
7	2.2	2.9	7.6	2.6	10.0	1.1
8	1.7	2.7	6.1	2.0	9.5	0.9
9	1.4	2.9	4.0	1.5	10.5	0.9
10	2.3	1.7	3.6	1.5	8.5	0.4

8

因 子 分 析

　因子分析（factor analysis）は，膨大なデータ群から得られる多数の観測変数から，その潜在変数である共通の**因子**（factor）を抽出する分析手法である。交通行動を理解する分析においても，因子分析はよく利用されている。例えば，交通手段の利用意識を調査するアンケート項目で「定時性」，「所要時間」の設問があり，両項目の回答傾向が類似した結果を得たとする。このとき，因子分析を適用することで，そのような変数相互の関係性の背後に潜んでいると想定される共通の因子，例えば「利便性重視」などの因子（潜在変数）を抽出することが可能となる。これにより，抽出された因子とアンケート項目との関係性を理解できるだけでなく，因子と各回答者の側面からデータ特性などを見いだすことも可能となる。本章では，このような交通行動の理解に多く利用される因子分析の手法について解説する。

8.1　基本的な概念と位置づけ

　因子分析における基本的な考え方は，分析対象となる変数間の相関が各変数に潜在的に共通して含まれる因子によって生じるものと捉えることである。この考え方を前提として，膨大なデータ群から得られる多数の観測変数の関係から共通する因子を見つけ，各変数に因子が含まれる程度を分析することが因子分析のおもな目的となる。土木・交通計画分野に関する諸現象においても，対象となる変数間には，何らかの共通した「思い」，「考え」や「態度」などの潜在的な関連が反映されるケースが少なくない。そのような変数相互の関係性に対して，直接観測できない特徴ある共通の因子（潜在変数）を抽出するため，因子分析は多く適用されている。

　ここでは，交通手段の利用意識を調査するアンケート（**図 8.1**）を例に紹介する。そのアンケート項目として，例えば「定時性」，「所要時間」の設問があったとする。このとき，交通手段に対する利便性の側面を重視する回答者であれば，両項目を重視した回答傾向である可能性が高く，両変数間の相関が高いことが想定される。因子分析では，「定時性」と「所要時間」の両変数で

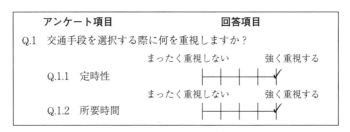

図 8.1　交通手段の利用意識を調査するアンケート

「交通手段における利便性重視」の意識を潜在的に共通して含むために，両変数間の相関が生じたものとして捉える。この関係を図化すると，**図 8.2** に示すとおりとなる。なお，このときの潜在変数を**共通因子**（common factor）と呼び，この場合であれば「利便性重視」が該当する。一方，共通因子以外の各観測変数（定時性，所要時間）独自の魅力や価値などの固有の情報を表現したものを**独自因子**（unique factor）と呼び，関係式によって，各観測変数が共通因子と独自因子によって分解される形で表現される。このため，因子分析は"分解の分析"とも呼ばれている。

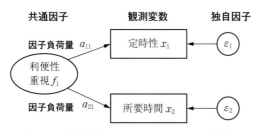

図 8.2　因子分析における基本モデルの概念図

　先程の関係を数理的に表現すると，式 (8.1) に示すように，「観測変数＝共通因子(＝因子負荷量×因子得点)＋独自因子」という線形式の形で定式化される。

$$\begin{cases} x_1 = a_{11}f_1 + \varepsilon_1 \\ x_2 = a_{21}f_1 + \varepsilon_2 \end{cases} \tag{8.1}$$

　共通因子部分は，当該変数に対する因子の重みである**因子負荷量**（factor loading）と各回答者の潜在的な因子に対する得点である**因子得点**（factor score）との積によって表現される。ここで，因子負荷量とは，共通因子から各観測変数に伸びている矢印（図8.2参照）で表現される係数 (a_{11}, a_{21}) を意味する。因子負荷量について，詳しくは後述するが，各因子に対する変数それぞれの影響度を表したもので，因子負荷量の係数値が絶対値で高いほど，当該変数と因子の結びつきが強いことを意味する。さらに，因子が抽出されることで，回答者ごとの因子得点を求めることができる。因子得点とは，個々の回答者が各因子にどれだけ属しているかを示す得点である。その得点の高低から，回答者ごとに共通因子に影響されている度合いを判断できる。

以上のように，これらの諸量によって，因子とアンケート項目の関係あるいは因子と各回答者の側面からデータ特性を見いだすことができる。

8.2 因子分析の解法と手順

8.2.1 基本モデル

因子分析で用いる基本モデルについて解説する。ここでは，表8.1に示す p 個の変数 $\{x_1, x_2, \cdots, x_p\}$ に関して n 個の対象についての観測データが与えられている場合を想定する。まず，因子分析の基本モデルを定式化する。具体的には，m 個の共通因子を $f_1, f_2, \cdots, f_m$ とするとき，観測データから得られる p 個の変数 $\{x_1, x_2, \cdots, x_p\}$ との関係は式（8.2）にて定式化される。

$$x_{ij} = \sum_{k=1}^{m} a_{ik} f_{kj} + \varepsilon_{ij} \tag{8.2}$$

ここで，m は共通因子の数，f_{kj} $(k=1,2,\cdots,m\,;\,j=1,2,\cdots,n)$ は第 j 番目個体に対する第 k 番目の共通因子得点，ε_{ij} $(i=1,2,\cdots,p\,;\,j=1,2,\cdots,n)$ は第 j 番目個

表8.1 観測データ

変数 個体	x_1	x_1	$\cdots$	x_p
1	x_{11}	x_{21}	$\cdots$	x_{p1}
2	x_{12}	x_{22}	$\cdots$	x_{p2}
$\vdots$	$\vdots$	$\vdots$		$\vdots$
n	x_{1n}	x_{2n}	$\cdots$	x_{pn}

体に対する第 i 番目の変数の独自因子得点を示している。また，a_{ik} $(i=1,2, \cdots,$ p ; $k=1,2, \cdots, m)$ は，第 i 番目の変数に対する第 k 番目の因子負荷量を示している。加えて，実際の分析においては，x_{ij} は平均 0，分散を 1 に基準化した上で推定する。そして，前述の数式（8.2）をベクトルと行列によって表現すると，次式のようになる。この基本モデル式に基づいて因子負荷量が推定される。

$$X = AF + \varepsilon \tag{8.3}$$

ここで，X は変数の数 p 個とデータ個体のサンプルサイズ n 個による変数行列，A は変数の数 p 個と共通因子の数 m 個による因子負荷量行列とする。また，F は共通因子の数 m 個とデータ個体のサンプルサイズ n 個による共通因子得点行列，ε は変数の数 p 個とデータ個体のサンプルサイズ n 個による独自因子得点行列である。さらに，上式に対しては，下記のいくつかの仮定を置いて考えることが基本となっている。

＊共通因子と独自因子は互いに独立で無相関と仮定する。

＊独自因子は互いに独立で無相関と仮定する。

これらの仮定の下，前述の行列式は，式（8.4）のように変換できる。これを**直交**（orthogonal）モデルという。なお，詳細な式展開については，柳井らや菅の文献（P.229，〔8 章〕1），2））を参考にされたい。

$$R = AA^t + \varphi \tag{8.4}$$

$$R = \begin{pmatrix} 1 & \cdots & r_{1p} \\ \vdots & \ddots & \vdots \\ r_{p1} & \cdots & 1 \end{pmatrix}, A = \begin{pmatrix} a_{11} & \cdots & a_{1m} \\ \vdots & \ddots & \vdots \\ a_{p1} & \cdots & a_{pm} \end{pmatrix}, A^t = \begin{pmatrix} a_{11} & \cdots & a_{p1} \\ \vdots & \ddots & \vdots \\ a_{1m} & \cdots & a_{pm} \end{pmatrix},$$

$$\varphi = \begin{pmatrix} d_1 & \cdots & 0 \\ \vdots & \ddots & \vdots \\ 0 & \cdots & d_p \end{pmatrix}$$

ここで，R は標本相関行列，A^t は因子負荷量行列 A の転置行列[†]，φ は独自因子の分散行列であり，d は独自因子の分散を表している。上式は，右辺，左辺ともに変数の数 p 個の正方行列として表される。

[†] 転置行列とは，ある行列において，行と列を入れ替えた行列を指す。

8.2.2　因子負荷量の推定方法

因子分析では，ある因子数の下で因子負荷量行列 A と独自因子の分散行列 φ の推定値を求める必要がある。このため，標本相関行列 R に要約したデータに最も適合する推定値をある基準の下で推定することになる。その推定方法としては，いくつかあるが，ここでは代表的な以下の三つの方法を紹介する。

〔1〕　**最小二乗法**　　観測相関行列と再生相関行列の差の平方和を最小化する。具体的には，観測値である標本相関行列 R とモデル式である $\Sigma = AA^t + \varphi$ との残差の平方和を最小化する方法である。データの正規性[†]などを仮定しないため，比較的使用しやすい方法である。本章の Excel 演習においても，この方法に基づいて因子負荷量行列 A を推定する。

〔2〕　**主 因 子 法**　　主因子法（principal factor method）は共通性の初期値を定めて，その共通性を相関行列 R の対角セルに代入して固有方程式を解き，反復間での共通性の変化が抽出の収束基準を満たすまで，共通性を推定する方法である。

〔3〕　**最　尤　法**　　観測された相関行列 R を生成した可能性が最も高いパラメータ推定値を生成する方法である。この方法を用いる場合，データの正規性を仮定しているため，サンプルサイズが十分に大きければ精度の良い推定がなされる。

8.2.3　因子数の決定

実観測データに対して因子分析を適用する場合，まず因子数 m を決めることが必要になる。この因子数 m の決定方法については，いくつかの方法がある。ここでは，大きく四つの方法について簡単に紹介する。

〔1〕　**カイザー基準**　　標本相関行列の固有値 λ_k が 1 以上の因子までを因子数とする方法である。ここで，固有値 λ_k とは因子負荷量の二乗和（$= \sum_i a_{ik}^2$）のことであり，その値が大きい因子ほど重要な因子と判断できる指標である。

〔2〕　**スクリープロット基準**　　標本相関行列の固有値を固有値順位でプ

[†]　データが正規分布（平均値を中心に左右対称な確率分布）に従うことを指す。

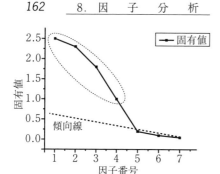

図8.3 スクリープロットのイメージ図

ロット（スクリープロット）し，この最下位の固有値から傾向線を引き，その線から大きく離れる固有値の順位を因子数とする方法である。例えば，**図8.3**に示すスクリープロットの場合であれば，傾向線から大きく離れている点線で囲まれている四つの因子を有効な因子として判断する。

〔3〕 **累積寄与率による基準**　寄与率 c_k を順番に足し合わせた累積寄与率が約 80 % を超えるまでの因子数を基準とする方法である。なお，寄与率については 8.2.5 項で説明する。

〔4〕 **最尤法による基準**　元の標本相関行列から因子を取り除いた残差行列に対して統計的検定を繰り返し，因子数を決定する方法である。具体的には，因子削減前後において，χ^2 検定を適用し，その有意差がなくなるまで最小の因子数を求めて，因子数を決定する。

8.2.4　因子軸の回転

因子分析では，因子の解釈をしやすい形に変換するため，回転という処理が行われる場合がある。回転の目的は，いくつかの変数のみが 1 に近い因子負荷量を持ち，ほかの変数は 0 に近い負荷量を持つ単純構造となるよう，因子軸を回転させ共通因子の解釈を容易にすることである。具体的には，「因子負荷量の 2 乗」の分散を最大化するという基準で回転行列を推定する。因子の回転においては，基本モデルで仮定した**直交回転**（orthogonal rotation）以外に，因子間の無相関を仮定しない**斜交回転**（oblique rotation）が存在する。因子軸角度を直角に保ったまま回転を行うのが「直交回転」であるが，**図8.4**に示すように，斜交して回転する方が因子の解釈をしやすい場合が存在する。このような場合には，「斜交回転」を選択すると良い。これは，図に示すように，直交回転後（因子軸 I，II）と斜交回転後（因子軸 I'，II'）の因子負荷量を比較すると，斜交回転後の方が五つの変数（図中の■）のうち，いくつかの変数の因子負荷量は大きく，ほかの因子負荷量は 0 に近い，二つの因子軸がより独

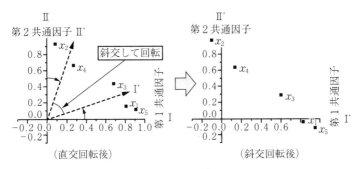

図8.4 直交回転後と斜交回転後の因子負荷量プロットのイメージ図

立的な構造へ近づいていることからも確認できる。また，回転方法としてはいくつかの方法が選択でき，直交回転ではバリマックス法，コーティマックス法，斜交回転ではプロマックス法，オブリミン法などの方法がある。このため，実際の分析では観測されたデータの特徴に応じて，適切な回転方法の選択が必要であろう。

8.2.5 結果の解釈

　因子分析の結果は，大きく因子負荷量，因子得点，寄与率，共通性および独自性によって解釈されるのが一般的である。ここでは，各指標および結果の解釈について概説する。

〔1〕 **因子負荷量**　因子分析の結果を解釈する際，因子負荷量は当該因子がどの変数と関連しているかを理解するための重要な指標である。因子負荷量は，各因子に対するそれぞれの変数の相関を表しているため，相関係数と同様に$-1 \sim +1$の値をとる。この因子負荷量の絶対値が1に近いほど，当該変数と因子の結びつきが強いと解釈でき，その値が0に近いほど，当該変数と因子の結びつきが低いと解釈できる。例として，5科目（英語，数学，国語，理科，社会）のテスト結果に因子分析を適用した場合で簡単に説明する。各科目の因子負荷量を求めた結果，**図8.5**に示す結果となったとする。分析者は，この結果に基づきながら，英語，国語，社会の科目は第1共通因子の負荷量が高いことから，この因子は文系能力を示す因子軸と解釈できる。一方，数学と理科の科目は第2共通因子の負荷量が高くなっているため，この因子は理系能

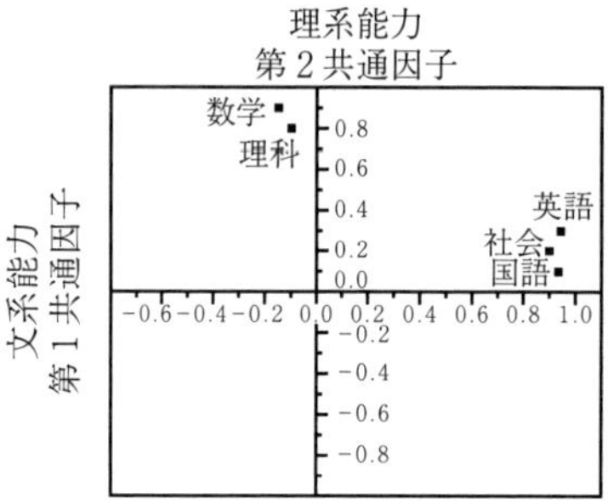

理系能力
第2共通因子

因子負荷量行列

	第1共通因子 a_{i1}	第2共通因子 a_{i2}
国語 x_1	0.93	0.10
英語 x_2	0.94	0.30
社会 x_3	0.90	0.20
理科 x_4	−0.10	0.80
数学 x_5	−0.15	0.90

図 8.5 因子負荷量の解釈

力の因子軸と解釈できる。以上のように，推定された因子負荷量の大きさに応じて，各因子がどのような潜在変数であるかを解釈し，その名称をつけることができる。

〔2〕 **因 子 得 点**　　因子分析によって抽出された因子負荷量を利用して，個々の観測データが各因子にどれだけ属しているかを示す得点である。因子得点が高い個体ほど，当該の因子に影響されている度合いが強いと判定できる。ここで，因子得点行列 F については，標本相関行列の逆行列 R^{-1}，因子負荷量行列 A と変数行列 X によって，次式にて算出される。

$$F = R^{-1}AX \tag{8.5}$$

また，上式に示すように，因子得点により，元の観測データ変数の数よりも少ない数の共通因子のみで表現することができる。このため，推定された因子に基づき，よりシンプルな構造で個々の観測値の類似性などを比較可能となる点においても，実用上有用である。

〔3〕 **寄 与 率**　　ある因子が観測データの変動をどれだけ説明しているかを表した指標である。寄与率 c_k は，式（8.6）に示すように，各因子負荷量（$k = 1, 2, \cdots, m$）の二乗和 $\sum_i a_{ik}^2$ である**因子寄与**（contribution）を変数の総数 p で割ることで計算される。

$$c_k = \frac{\sum_i a_{ik}^2}{p} \tag{8.6}$$

寄与率の値を確認することで，当該因子がデータ全体に対してどれくらい寄

与しているかを評価できる。具体的には，寄与率が高い因子は，観測データの
多くの変動を説明しており，重要な情報を有している因子と解釈できる。反対
に，寄与率が低い因子は，データ変動の大部分を捉えていないため，あまり重
要ではない因子として解釈できる。

〔4〕 **累積寄与率** 前述した各因子の寄与率を順次足し合わせた累積的指
標である。各因子は寄与率に基づいて重要性が順位づけされ，それらを順番に
加算することで，どの因子までにどれだけの情報が保持されているかを評価で
きる。これにより，どの因子までを利用するかを検討でき，一般的には累積寄
与率が一定の閾値（例えば，80 % 以上など）を超える因子までを選択するこ
とが多い。

〔5〕 **共通性と独自性** **共通性**（communality）と**独自性**（uniqueness）
は，観測変数に対する因子による影響を解釈する際に重要な指標である。因子
分析では，多くの観測変数を少ない数の因子に要約することを目指している。
ここで，共通性と独自性は，因子による要約の際の情報分布を理解するために
使用される。共通性は共通因子によって説明される観測変数の共通要素を示す
指標で，当該変数がどれだけ共通因子によって説明されているかを表してい
る。各変数 i からみた共通性 h_i^2 は推定された因子負荷量の二乗値であるため，
次式により求められる。

$$h_i^2 = \sum_{k=1}^{m} a_{ik}^2 \tag{8.7}$$

共通性の値は，$0 \sim 1$ の範囲の値をとり，共通性の値は共通因子のみで説明
される割合を示している。すなわち，1 に近い値であるほど，当該変数は共通
因子によって多くが説明されていると解釈でき，当該変数が共通因子と深く関
与していることを意味する。

一方，独自性 d_i^2 は，変数が共通性によって説明されない変数独自の要素割
合を示す指標である。独自性についても，共通性と同様に $0 \sim 1$ の範囲の値を
とり，独自性が 1 に近い値であるほど，観測変数が共通因子によって説明され
ない部分が大きいことを意味する。さらに，共通性と独自性の合計値は観測変

数の分散に等しくなることが知られている。このため，次式に示すように，共通性 h_i^2 と独自性 d_i^2 の合計値は 1 となる。

$$h_i^2 + d_i^2 = 1 \tag{8.8}$$

　以上のように，共通性と独自性については，因子分析結果の評価において，どの変数が共通因子によってよく説明されているか，あるいはどの変数が共通性によって説明されない変数個別の特徴を持っているかを判断できる。

8.3　Excel による因子分析の実践

8.3.1　準備（因子数の決定，データの前準備）

　本節では，Excel の「ソルバー」機能を用いて最小二乗法による因子分析（直交モデル）の実践例を紹介する。

　〔1〕　**因子数の決定**　　本来は事前に因子数を探索的に検討したりするが，Excel で簡便に操作できることを考慮して，あらかじめ 2 因子と決定して分析を進めることとする。

　〔2〕　**データの前準備**　　計算の前準備として，コロナ社の書籍ページ（https://www.coronasha.co.jp/np/isbn/9784339052824/）より解析用データをダウンロードする。なお，データの中身は，土木系学生を対象に「車利用」に関して，**図8.6**に示す項目についてアンケート調査を実施したものである。いずれも，"1：全くそう思わない"～"5：強くそう思う"の 5 段階で評価されたデータである。

設問番号	内容	回答
Q1	手軽に利用できて便利である。	1:全くそう思わない～5:強くそう思う
Q2	事故の危険に不安がある。	1:全くそう思わない～5:強くそう思う
Q3	人々の生活を豊かにする。	1:全くそう思わない～5:強くそう思う
Q4	排気ガスや騒音の公害が発生する。	1:全くそう思わない～5:強くそう思う
Q5	車社会は自然環境を破壊している。	1:全くそう思わない～5:強くそう思う
Q6	車優先，人間軽視の傾向がある。	1:全くそう思わない～5:強くそう思う
Q7	歩くことが少なくなり，健康に悪い。	1:全くそう思わない～5:強くそう思う
Q8	バスや電車などの公共交通の接続を図る必要が	1:全くそう思わない～5:強くそう思う
Q9	道路や駐車場の整備が不足している。	1:全くそう思わない～5:強くそう思う
Q10	有限である石油資源を消費している。	1:全くそう思わない～5:強くそう思う
Q11	渋滞などで社会的な損失がある。	1:全くそう思わない～5:強くそう思う
Q12	移動する権利を公平に与えている。	1:全くそう思わない～5:強くそう思う
Q13	自動車を運転できない人に対する対策が必要で	1:全くそう思わない～5:強くそう思う

図8.6　解析用データのアンケート項目

8.3.2　因子分析用データの準備

① **変数の標準化：**　基本データの横の列（P ～ AB 列）に，各変数を標準化したデータを入力する。具体的には，**図 8.7** に示すように，P3 セルに「STANDARDIZE（B3,AVERAGE（B$3:B$102）,STDEV.S（B$3:B$102））」と入力し，そのほか空白部分もコピーして標準化したデータを作成する。

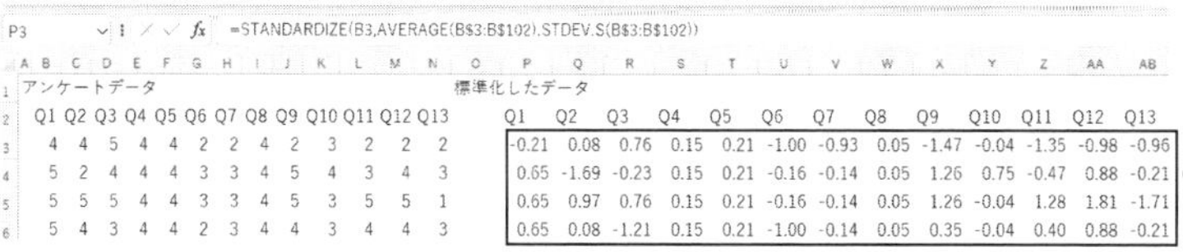

図 8.7　解析アンケートデータの標準化

② **相関行列の作成：**　データ分析ツールの［相関］を用いて，新しいシート（シート名 :data）に相関行列を作成する。ただし，この時点では片側の相関行列になっているため，**図 8.8** に示すように，A 列目と 1 行目に，列と行の参照用番号を追加する。

③ **相関行列（正方行列）の作成：**　D3 のセルに「INDEX（$C$3:$O$15,D$1,$A3）」と入力し，片側の空白部分についてもコピーすることで，正方行列の状態の標本相関行列を作成する。

④ **初期値の設定：**　**図 8.9**（a）に示すように，因子負荷量 a_{ik}（$i=1,2,\cdots,13$; $k=1,2$）の初期値を R19:S31 のセルに入力しておく。また，独自因子分散 d_i の初期値を 0 として，図 8.9（b）に示すように入力しておく。また，独自因子分散行列のコピーもあらかじめ用意しておく。

⑤ **因子負荷量の二乗和の算出：**　図 8.9（a）に示すように，R33 に「SUMSQ（R19:R31）」，S33 に「SUMSQ（S19:S31）」を入力する。

⑥ **寄与率 c_k の算出：**　R34 に「R33/13」，S34 に「S33/13」を入力して，寄与率を算出する。なお，"13" とは変数（Q1 ～ Q13）の個数を示している。

⑦ **因子負荷量の積和および共通性と独自性の和の初期値算出：**　図 8.9（a）に示すように，V18 セルに「SUMPRODUCT（R19:R31,S19:S31）」を入力して，因子 1 と因子 2 の因子負荷量の積の初期値を計算する。

列番号	1	2	3	4	5	6	7	8	9	10	11	12	13
行番号	Q1	Q2	Q3	Q4	Q5	Q6	Q7	Q8	Q9	Q10	Q11	Q12	Q13
1 Q1	1.00	0.11	0.38	0.02	0.03	0.00	-0.01	-0.17	0.17	-0.28	0.08	0.09	-0.05
2 Q2	0.11	1.00	0.11	0.32	0.48	0.17	0.07	0.24	-0.11	0.17	0.36	-0.27	0.17
3 Q3	0.38	0.11	1.00	0.13	0.07	0.09	-0.01	0.00	0.12	-0.20	0.11	0.10	0.00
4 Q4	0.02	0.32	0.13	1.00	0.57	0.41	0.24	0.18	-0.08	0.26	0.18	-0.07	0.15
5 Q5	0.03	0.48	0.07	0.57	1.00	0.38	0.27	0.25	-0.07	0.46	0.38	-0.03	0.17
6 Q6	0.00	0.17	0.09	0.41	0.38	1.00	0.17	0.30	-0.18	0.26	0.25	-0.10	0.22
7 Q7	-0.01	0.07	-0.01	0.24	0.27	0.17	1.00	0.25	0.03	0.26	0.17	0.04	0.28
8 Q8	-0.17	0.24	0.00	0.18	0.25	0.30	0.25	1.00	0.02	0.32	0.19	-0.08	0.30
9 Q9	0.17	-0.11	0.12	-0.08	-0.07	-0.18	0.03	0.02	1.00	-0.18	0.08	0.05	0.15
10 Q10	-0.28	0.17	-0.20	0.26	0.46	0.26	0.26	0.32	-0.18	1.00	0.38	-0.15	0.21
11 Q11	0.08	0.36	0.11	0.18	0.38	0.25	0.17	0.19	0.08	0.38	1.00	-0.06	0.16
12 Q12	0.09	-0.27	0.10	-0.07	-0.03	-0.10	0.04	-0.08	0.05	-0.15	-0.06	1.00	-0.08
13 Q13	-0.05	0.17	0.00	0.15	0.17	0.22	0.28	0.30	0.15	0.21	0.16	-0.08	1.00

図 8.8　標本相関行列の準備

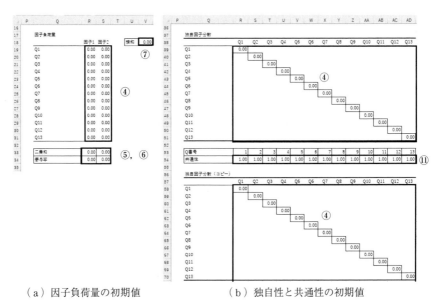

（a）因子負荷量の初期値　　　　　　　（b）独自性と共通性の初期値

図 8.9　初期値の設定

⑧　基本モデル $R = AA^t + \varphi$ の右辺を算出：　図 8.10 に示すように，基本モデルの右辺 $AA^t + \varphi$ を算出するため，C19 ～ O31 のセルを選択して，「MMULT(R19:S31,TRANSPOSE(R19:S31))＋R39:AD51」を入力し，Ctrl キー，Shift キーおよび Enter キーを同時に押して配列数式より算出する。

	B	C	D	E	F	G	H	I	J	K	L	M	N	O
17														
18		Q1	Q2	Q3	Q4	Q5	Q6	Q7	Q8	Q9	Q10	Q11	Q12	Q13
19	Q1	0.00	0.00	0.00	0.00	0.00	0.00	0.00	0.00	0.00	0.00	0.00	0.00	0.00
20	Q2	0.00	0.00	0.00	0.00	0.00	0.00	0.00	0.00	0.00	0.00	0.00	0.00	0.00
21	Q3	0.00	0.00	0.00	0.00	0.00	0.00	0.00	0.00	0.00	0.00	0.00	0.00	0.00
22	Q4	0.00	0.00	0.00	0.00	0.00	0.00	0.00	0.00	0.00	0.00	0.00	0.00	0.00
23	Q5	0.00	0.00	0.00	0.00	0.00	0.00	0.00	0.00	0.00	0.00	0.00	0.00	0.00
24	Q6	0.00	0.00	0.00	0.00	0.00	0.00	0.00	0.00	0.00	0.00	0.00	0.00	0.00
25	Q7	0.00	0.00	0.00	0.00	0.00	0.00	0.00	0.00	0.00	0.00	0.00	0.00	0.00
26	Q8	0.00	0.00	0.00	0.00	0.00	0.00	0.00	0.00	0.00	0.00	0.00	0.00	0.00
27	Q9	0.00	0.00	0.00	0.00	0.00	0.00	0.00	0.00	0.00	0.00	0.00	0.00	0.00
28	Q10	0.00	0.00	0.00	0.00	0.00	0.00	0.00	0.00	0.00	0.00	0.00	0.00	0.00
29	Q11	0.00	0.00	0.00	0.00	0.00	0.00	0.00	0.00	0.00	0.00	0.00	0.00	0.00
30	Q12	0.00	0.00	0.00	0.00	0.00	0.00	0.00	0.00	0.00	0.00	0.00	0.00	0.00
31	Q13	0.00	0.00	0.00	0.00	0.00	0.00	0.00	0.00	0.00	0.00	0.00	0.00	0.00
32														

⑧

37	差の行列													
38		Q1	Q2	Q3	Q4	Q5	Q6	Q7	Q8	Q9	Q10	Q11	Q12	Q13
39	Q1	1.00	0.11	0.38	0.02	0.03	0.00	-0.01	-0.17	0.17	-0.28	0.08	0.09	-0.05
40	Q2	0.11	1.00	0.11	0.32	0.48	0.17	0.07	0.24	-0.11	0.17	0.36	-0.27	0.17
41	Q3	0.38	0.11	1.00	0.13	0.07	0.09	-0.01	0.00	0.12	-0.20	0.11	0.10	0.00
42	Q4	0.02	0.32	0.13	1.00	0.57	0.41	0.24	0.18	-0.08	0.26	0.18	-0.07	0.15
43	Q5	0.03	0.48	0.07	0.57	1.00	0.38	0.27	0.25	-0.07	0.46	0.38	-0.03	0.17
44	Q6	0.00	0.17	0.09	0.41	0.38	1.00	0.17	0.30	-0.18	0.26	0.25	-0.10	0.22
45	Q7	-0.01	0.07	-0.01	0.24	0.27	0.17	1.00	0.25	0.03	0.26	0.17	0.04	0.28
46	Q8	-0.17	0.24	0.00	0.18	0.25	0.30	0.25	1.00	0.02	0.32	0.19	-0.08	0.30
47	Q9	0.17	-0.11	0.12	-0.08	-0.07	-0.18	0.03	0.02	1.00	-0.18	0.08	0.05	0.15
48	Q10	-0.28	0.17	-0.20	0.26	0.46	0.26	0.26	0.32	-0.18	1.00	0.38	-0.15	0.21
49	Q11	0.08	0.36	0.11	0.18	0.38	0.25	0.17	0.19	0.08	0.38	1.00	-0.06	0.16
50	Q12	0.09	-0.27	0.10	-0.07	-0.03	-0.10	0.04	-0.08	0.05	-0.15	-0.06	1.00	-0.08
51	Q13	-0.05	0.17	0.00	0.15	0.17	0.22	0.28	0.30	0.15	0.21	0.16	-0.08	1.00
52														
53													二乗和	20.28

⑨ ⑩

図 8.10　差の行列の計算

⑨　差の行列の作成：　C39 のセルに「C3-C19」を入力して，そのほかの空白部分もコピーすることで，図 8.10 に示すような“差の行列”を作成する。

⑩　差の行列の二乗和を算出：　O53 のセルに「SUMSQ(C39:O51)」を入力して，標本相関行列 $\boldsymbol{R}$ と因子負荷量行列とその転置行列の積 $\boldsymbol{AA}^t$ の行列の差の二乗和を計算する。

⑪　共通性の初期値の算出：図 8.9（b）に示すように，R54 セルに「1-INDEX($R$39:$AD$51,R53,R53)」を入力し，そのほかの空白部分もコピーして変数 Q1 から Q13 まで共通性の初期値を算出する。

8.3.3　因子負荷量の推定

Excel のソルバー機能を用いて，最小二乗法による因子負荷量の推定を実行する。

⑫　最小二乗法による因子負荷量の推定：　Excel のソルバー機能を立ち上げて，**図 8.11** に示すように，［目的セル］に「$O$53」を指定して，前述

⑫

図 8.11　ソルバーの設定

の行列の差を最小化するよう最適化計算するため，［目標値］は最小値を選択しておく。つぎに，［変数セルの変更］には，因子負荷量と独自因子分散のセルである，「\$R\$19:\$S\$31,\$R\$39,\$S\$40,\$T\$41,\$U\$42,\$V\$43,\$W\$44,\$X\$45,\$Y\$46,\$Z\$47,\$AA\$48,\$AB\$49,\$AC\$50,\$AD\$51」を選択する。

そして，［制約条件］については，因子負荷量が直交する条件を反映するため，因子負荷量の積和が"0"となるよう「\$V\$18=0」と入力する。加えて，［制約のない変数を非負数にする］のチェックを外して設定する。そして，［解決］をクリックするとソルバー計算が実行される。

⑬　ソルバーによる推定結果の確認：　ソルバーによる計算を実行して，収束結果を確認する。具体的には，**図 8.12** に示すように，独自因子分散が $0 \sim 1$ の範囲に収まっているかを確認する。なお，数回ソルバーを実行しても，独自因子分散の値が 1 から変化がないなどうまく収束されていない場合，因子負荷量 a_{ik}（$i=1,2,\cdots,13 ; k=1,2$）の初期値，独自因子分散 d_i の初期値を適宜変更する。因子負荷量は $-1 \sim +1$ の値，独自因子分散は $0 \sim 1$ の値の範囲でランダムに設定しながら，再度実行してみるとよい。

8.3.4　分析結果の解釈

〔1〕　**共通性と独自性の確認**　　図 8.12 に示すように，各変数の共通性の値を確認してみると，Q5 の変数が最も高い共通性の値（$=0.61$）を示しており，当該変数の 6 割程度が共通因子のみで説明されることを意味している。一方，Q12 の変数が最も低い共通性の値（$=0.04$）を示しており，当該変数のほ

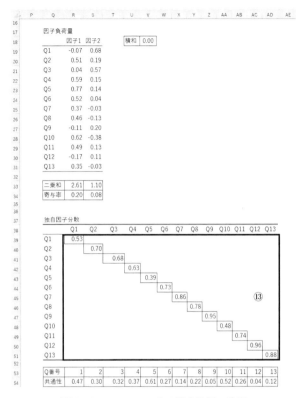

図8.12 ソルバーによる推定結果の確認

とんどが独自因子（独自性 = 0.96）によって説明されることを意味している。

〔2〕 **寄与率の確認**　図 8.12 に示すように，各因子の寄与率を確認する
と，第 1 因子の寄与率は約 20 %，第 2 因子の寄与率は約 8 % であり，累積寄
与率については約 28 % であることがわかる。このため，今回の分析において
は，二つの共通因子が観測データのおよそ三割程度の情報を説明できているも
のと解釈できる。

〔3〕 **因子負荷量の確認**　推定された因子負荷量を第 1 因子 について降
順に並び替えた結果を**図 8.13** に示す。同表から，各因子（第 1，第 2）と各
変数（Q1 ～ Q13）の関連性の大きさを確認することができる。まず，第 1 因
子についてみると，Q5，Q10 および Q4 の変数が第 1 因子に対する因子負荷量

設問番号	内容	因子1	因子2
Q5	車社会は自然環境を破壊している。	0.77	0.14
Q10	有限である石油資源を消費している。	0.62	-0.38
Q4	排気ガスや騒音の公害が発生する。	0.59	0.15
Q6	車優先，人間軽視の傾向がある。	0.52	0.04
Q2	事故の危険に不安がある。	0.51	0.19
Q11	渋滞などで社会的な損失がある。	0.49	0.13
Q8	バスや電車などの公共交通の接続を図る必要がある。	0.46	-0.12
Q7	歩くことが少なくなり，健康に悪い。	0.37	-0.03
Q13	自動車を運転できない人に対する対策が必要である。	0.35	-0.03
Q3	人々の生活を豊かにする。	0.04	0.57
Q1	手軽に利用できて便利である。	-0.07	0.68
Q9	道路や駐車場の整備が不足している。	-0.11	0.20
Q12	移動する権利を公平に与えている。	-0.17	0.11

図8.13 推定された因子負荷量

が大きいため，第1因子に強く影響を受ける変数であることがわかる。また，観測変数 Q5，Q10 および Q4 については，いずれも自動車による環境影響に関連した変数であることがわかる。このことから，三つの変数間に共通した因子として，例えば「自動車による環境負荷重視」という共通因子を抽出できる。同様に，第2因子についてもみてみると，Q3 および Q1 の変数の因子負荷量（0.57,0.68）が大きいため，両変数間に共通した因子として，例えば「自動車の利便性重視」と解釈される共通因子を抽出できる。

〔4〕　**因子得点の算定**　　因子と各回答者の側面からデータの特性を見いだすために，以下の手順で因子得点行列を計算する。

⑭　**図8.14** に示すように，解析データシート（図8.7参照）に戻り，AD，AE 列に因子得点を算定するためのデータ枠を確保する。

⑮　先程，推定した因子負荷量行列 A をコピーして，AG3 セルに貼付する。そして，標本相関行列の逆行列 R^{-1} を計算するため，AH20 ～ AT32 のセルを選択して，標本相関行列 R のデータ（図8.8参照）を用いて，「MINVERSE('data'!C3:O15)」と入力し，Ctrl キー，Shift キーおよび Enter キーを同時に押して配列数式より R^{-1} を算出する。

⑯　因子得点係数行列 $R^{-1}A$ を計算するために，AH36 ～ AI48 のセルを選択して，「MMULT(AH20:AT32,AH4:AI16)」を入力して，Ctrl キー，Shift キーおよび Enter キーを同時に押して配列数式より因子得点係数行列 $R^{-1}A$ を算出する。

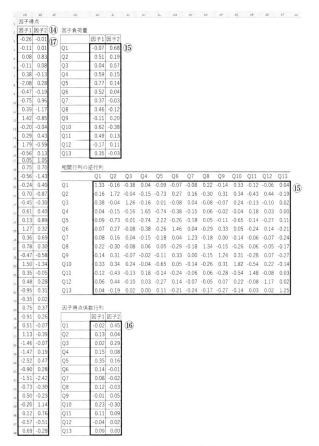

図 8.14　因子得点の推定

⑰　因子得点行列 $R^{-1}AX$ を計算するために，8.3.2 項で標準化した分析データ（図 8.7 参照）を使用し，以下の手順に従いながら，回答者ごとに因子得点を算出する。まず，第 1 共通因子の因子得点を計算するために，AD3 〜 AD102 のセルを選択して，「MMULT($P$3:$AB$102,AH$36:AH$48)」を入力して，Ctrl キー，Shift キーおよび Enter キーを同時に押して配列数式より因子得点を計算する。第 2 共通因子についても，AE3 〜 AE102 のセルを選択して，「MMULT($P$3:$AB$102,AI$36:AI$48)」を入力し，同様に配列数式にて計算する。

〔5〕 **因子得点の解釈**　因子得点については，各因子における回答者それ

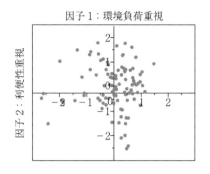

ぞれの得点を表しており，因子得点が高い回答者ほど，その因子に影響される度合いが高いと解釈できる。計算した回答者ごとの因子得点を**図8.15**に示す。同図に示すように，散布図により回答者間の類似性などの回答者と各因子との関連性を視覚的に把握できる。これにより，例えば第1因子（環境負荷重視），第2因子（利便性重視）ともに重視するグループに該当する回答者など，回答者をいくつかのグループに分類することも可能である。

図 8.15　因子得点の散布図

演 習 問 題

【1】 交通行動と交通事故リスクの意識に関するアンケート（**図 8.16**）の回答データを対象にして，因子分析を適用して以下の設問に留意しながら分析せよ。なお，アンケートの回答結果は，コロナ社の書籍ページ（https://www.coronasha.co.jp/np/isbn/9784339052824/）よりダウンロード可能である。

（1）　最小二乗法を用いて，因子負荷量を推定し，共通性や寄与率を求めよ。

（2）　因子負荷量の推定結果や寄与率等の得られた結果について解釈せよ。

（3）　因子得点を計算して，計算した因子得点の散布図を作成せよ。

設問番号	内容	回答
Q1	目的地までの所要時間の短さを重視する。	1:全くそう思わない〜5: 強くそう思う
Q2	目的地までの到着時刻の正確性を重視する。	1:全くそう思わない〜5: 強くそう思う
Q3	料金を重視する。	1:全くそう思わない〜5: 強くそう思う
Q4	安全に移動できることを重視する。	1:全くそう思わない〜5: 強くそう思う
Q5	交通情報を確認することを重視する。	1:全くそう思わない〜5: 強くそう思う
Q6	交通事故リスクに関する情報は有用である。	1:全くそう思わない〜5: 強くそう思う
Q7	公共交通（バス，電車）で移動するのが好きである。	1:全くそう思わない〜5: 強くそう思う
Q8	公共交通での移動の方が自動車の移動より事故リスクは低いと思う。	1:全くそう思わない〜5: 強くそう思う
Q9	自動車を運転するのが好きである。	1:全くそう思わない〜5: 強くそう思う
Q10	自分の運転には自信がある。	1:全くそう思わない〜5: 強くそう思う

図 8.16　交通行動と交通事故リスクの意識に関するアンケート項目

9

クラスター分析

　土木・交通計画分野では，「公共交通密度」や「交通事故」に基づく都道府県の分類や，「トリップ特性」に基づき個人を分類したい場面がある。「分類」といえば，6章の判別分析では電動アシスト機能の「選択」，「非選択」という明確な分類基準のもとで自転車購入者を分類した。しかし，例えば公共交通密度を分類基準とする場合，密度が「高い」または「低い」という曖昧な基準となる。このように，分類基準が明確ではない場合，クラスター分析により分類する方法が取られる。クラスター分析には様々な手法が提案されているが，本書では類似している個体間を順次クラスター化する「凝縮型階層的方法」を中心に説明する。

9.1　基本的な概念と位置づけ

9.1.1　クラスター分析の基本的な考え方

　クラスター分析（cluster analysis）とは，「類似のデータをいくつかのグループに分類する」多変量解析手法である。データを分類する難易度は，明確な分類基準があるかないかに依存する。「明確な分類基準がある場合」とは，例えば性別や血液型別の分類が挙げられる。バス利用者を性別で分類するのは簡単かつ明快である。しかし，「多いか少ないか」や「長いか短いか」などのように，対象データに明確な分類基準がない場合，データを分類するのは容易ではないことが想像できる。

　表 9.1 に示す東京都，大阪府，愛知県，神奈川県の「道路密度〔km/km²〕」と「公共交通密度〔km/100 km²〕」のデータ（一部加工）を用いてクラスター分析の基本的な考え方を説明する。「道路密度」と「公共交通密度」を分類基準として都府県を分類するにはどうすればよいだろうか。

　クラスター分析では，分類基準となる変数（ここでは，道路密度と公共交通密度）の数値を用いて，各都府県間が「どの程度似ているか」という**類似度**

表9.1　4都府県の道路密度と公共交通密度

	東京都	大阪府	愛知県	神奈川県
道路密度〔km / km²〕	11.43	6.97	8.48	6.25
公共交通密度〔km / 100 km²〕	49.45	40.74	18.28	31.36

(similarity) または，「似ていないか」という**非類似度** (dissimilarity) を算出
し，これらをもとに都府県をグループ（クラスター）に分類する。

　道路密度と公共交通密度は単位が異なるため，まずデータの標準化（各値を
平均で除す）を行う。標準化後のデータを**表9.2**に示す。

表9.2　4都府県の道路密度と公共交通密度（標準化後）

	東京都	大阪府	愛知県	神奈川県
標準化された道路密度	1.58	−0.66	0.10	−1.02
標準化された公共交通密度	1.25	0.50	−1.44	−0.31

　表9.2の標準化された4都府県のデータについて，横軸を道路密度，縦軸を

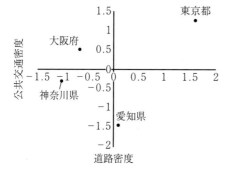

図9.1　道路密度と公共交通密度の
都府県別散布図

公共交通密度として散布図にプロッ
トする（**図9.1**）。この散布図の点
間距離が，道路密度と公共交通密度
に関する都府県間の非類似度[†]とな
る。距離が短い（長い）ほど都府県
間の非類似度は小さい（大きい）と
解釈される。非類似度が小さい都府
県を結合していき，クラスターを形
成していく。この過程を**クラスタリ
ング** (clustering) という。

　クラスター分析は判別分析（6章）と混同されることがあるため注意が必要
である。判別分析は，分析前から明確に定められているグループのうちどちら
に属するかを判別する方法である。土木・交通の例ではないが，例えばガンの

---

†　類似度と非類似度のどちらとも解釈可能である。ここでは，非類似度として説明する。

種類を既知として，ガンの疑いのある患者がどのガンにかかっているかを調べる場合が判別分析である。クラスター分析の場合，患者の診断結果が得られており，診断結果が類似した患者を集めて，グループを形成しようとする。外的な基準としてガンの種類という明確な診断要素があるか（判別分析），ないか（クラスター分析）という点で，両分析方法は異なる。

9.1.2 階層的手法と非階層的手法

クラスタリングの方法は，階層的方法と非階層的方法に大別される。**階層的方法**（hierarchical method）では，最終的に得るクラスターの数を定めずに非類似度が低いデータを一つずつ（階層的に）クラスター化していく方法である。最終的に，全データは一つにクラスター化される。**非階層的方法**（non-hierarchical method）は，最終的に得るクラスターの数を定めておき，あらかじめ定めた数のクラスターにデータを分割する方法である。

本章では，実際に利用されることが多い階層的方法を中心に説明するが，非階層的手法の代表格である **k 平均法**（k–means method）も説明する。

9.1.3 クラスター分析の手順

階層的方法によるクラスター分析では，非類似度を用いて個体どうし（あるいはクラスターどうし）をクラスタリングし，データを一つのクラスターにまとめる。その後，**図 9.2** に示すような**樹形図（デンドログラム**（dendrogram））を作成してデータ間の非類似度を表現し，分析目的に合わせてデンドログラムを適当な位置で切断し，最終的なクラスターを得る。横軸が非類似度を表しているため，横軸が短いほど都府県間の類似性が高いことを意味している。例えば，このデンドログラムをa〜b間で切断すると，{大阪府, 神奈川県}, {愛知県}, {東京都}の三つのクラスターを作成することができる。b〜c間で切断すると，{大阪府, 神奈川県, 愛知県}, {東京都}の二つのクラスターに分類される。

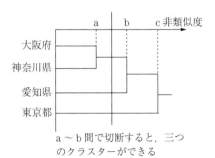

a〜b間で切断すると，三つのクラスターができる

図 9.2 デンドログラムの例

9.2　個体間の非類似度

　クラスター分析における個体間の非類似度は，通常は**ユークリッド距離**（Euclidean distance）で表される[†]。ユークリッド距離とは，多次元空間と呼ばれるユークリッド空間における幾何学的距離と定義され，われわれが普段用いている距離のことである。ある個体 A のデータを $X_A = \{x_{a1}, x_{a2}, \cdots, x_{an}\}$，ある個体 B のデータを $X_B = \{x_{b1}, x_{b2}, \cdots, x_{bn}\}$ とすると，個体 A と個体 B の間のユークリッド距離 d_{AB} は式（9.1）のように示される。

$$d_{AB} = \sqrt{\sum_{i=1}^{n} (x_{ai} - x_{bi})^2} \tag{9.1}$$

　例として，「道路密度」と「公共交通密度」に関する東京都と大阪府のユークリッド距離を算出してみる。東京都が $X_A = \{1.58, 1.25\}$，大阪府が $X_B = \{-0.66, 0.5\}$ であるため，$d_{AB} = \sqrt{(1.58 - (-0.66))^2 + (1.25 - 0.50)^2} = 2.36$ となる（**図 9.3**）。大阪府と神奈川県の距離（d_{BD}）について同様に計算すると 0.89 となり，「道路密度」と「公共交通密度」を変数としたとき，大阪府は東京都よりも神奈川県に近いことがわかる。

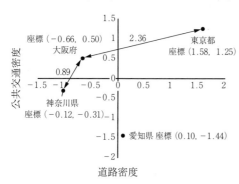

図 9.3　ユークリッド距離の算出

　ユークリッド距離は「距離」の一種であるため，「距離の公理」により ① 非負，② 同一点であればゼロ，③ どちらの点から測定しても同じ，④ 三角形の 2 辺の距離の合計はもう 1 辺の距離より大きい，という特徴を持つ。距離がゼロになる場合は，個体間は同一の特徴を有していることを意味している。

[†]　本書ではクラスター分析で用いられることの多いユークリッド距離を用いて説明するが，市街地距離（マンハッタン距離），ミンコフスキー距離，バイナリ距離など，個体間の距離を表す指標は他にもある。また，変量間の距離としては，3 章で学習した相関係数などが用いられることがある。

9.3　クラスター間距離の算出方法

9.3.1　階層的クラスタリング

階層的手法によるクラスタリングは個体どうしを随時結合する**凝縮型**（agglomerative）と個体どうしを随時分割する**分割型**（divisive）に分かれる。

分割型は，分割の各段階で最適な分割の組合せを検討する必要があるため，対象個体数の増加に伴い計算量が飛躍的に増加するという欠点がある。これが一因となり，凝縮型によるクラスタリングが行われることが多い。本章においても，凝縮型階層的クラスタリング手法を中心に学んでいく。

クラスタリングの過程で重要になるのが，クラスター間距離算出方法の決定である。**図9.4**（a）では，クラスターに属する個体が一つであるため，個体間距離がそのままクラスター間距離となる。しかしながら，図（b）のように，クラスターに属する個体が複数存在する場合には，なんらかの方法により距離 D を決定しなければならない。

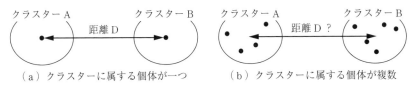

（a）クラスターに属する個体が一つ　　（b）クラスターに属する個体が複数

図9.4　クラスター間距離のイメージ

クラスター間距離の算出には多種多様な方法が存在し，それぞれに長所と短所を持つ。方法の選択により分析結果が大きく変わることもあるため，方法の選択は重要な問題である。しかし厄介なことに，それぞれの方法がどの問題において適切であるかという**決定方法は存在**しない。

ある4カ国（a, b, c, d）の「交通事故発生状況」と「運転免許保有率」を変数として，クラスタリング方法を説明する。個体間距離（非類似度）は式（9.1）のユークリッド距離の式により，**図9.5**に示すように得られたものとする。図9.5（b）に示した表は各国間の非類似度を示す**距離行列**（distance matrix）である。クラスタリングの実施は，距離行列により個体間距離を示す

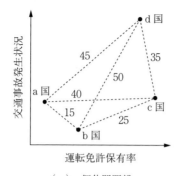

	a	b	c	d
a	0	15	40	45
b		0	25	50
c			0	35
d				0

（ a ）　個体間距離　　　　　　（ b ）　距離行列

図 9.5　a，b，c，d 国の交通事故発生状況と
運転免許保有率に関する非類似度

とやりやすくなる。

9.3.2　クラスタリングの基本アルゴリズム

凝縮型階層的クラスタリングでは，クラスター間距離の計算方法を除けば，クラスタリングの手順はどのアルゴリズムを用いても同じである。以下のボックス１に階層的凝縮型クラスタリングの手順を示す。

ボックス１　階層的凝縮型クラスタリングの手順

手順①　初期状態として，n 個の個体がそれぞれクラスターを形成しているものとして距離行列を作成する。この段階ではクラスターの数 K は $K=n$ である。

手順②　K 個のクラスターのうち，最も非類似度が小さい（距離が短い）クラスターどうしを結合する。K を $K-1$ として，この段階で $K>1$ であれば③へ進む。そうでなければ，終了。

手順③　**新規クラスターと既存クラスターとの非類似度（距離）を計算**する。クラスター間の距離を更新し，②に戻る。

ボックス１手順③の「新規クラスターと既存クラスターの非類似度の計算方法」にについてさまざまな方法が存在する。

〔1〕　**最短距離法**　　**最短距離法**（nearest neighbor method）とは，「個体間距離が最短（非類似度が最小）の個体どうしを順に結合する方法」のことで

ある（**図9.6**）。

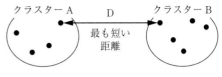

　最短距離法によるクラスタリングの手順をボックス1に従って説明する。

図9.6　最短距離法による距離の特定

　手順①，②は，階層的凝縮型方法のすべてのアルゴリズムにおいて共通の手順である。手順①では初期状態の距離行列を作成する。個体間距離を式（9.1）で示したユークリッド距離を用いて**図9.7**（a）のように作成した。図（a）の距離行列では，例えばクラスターa（C_aとする）とクラスターb（C_bとする）間の非類似度（距離）が15（$d_{a,b}=15$）ということがわかる。

　手順②では，クラスター間で最も非類似度が小さい（距離が短い）クラスターどうしを結合する。図9.7（a）を参照すると，C_a，C_b間の距離が「15」と最短であるため，この2点を結合してC_{ab}{a, b}を形成する。この時点で，交通事故発生状況と運転免許保有率という尺度において，a国とb国の類似度が対象の4カ国間のうち最も高いことがわかる。ここで，クラスター数Kが$K>1$であれば（つまり，すべての個体が一つにクラスタリングされていなければ）手順③に進み，そうでなければクラスタリングは終了となる。

　手順②で作成した新規クラスターC_{ab}とその他クラスターC_c，C_dとの距離を算出するのが手順③となる。その算出した距離に基づいて距離行列を更新する。ここでは最短距離法を採用しているため，C_{ab}とC_c間の距離$d_{ab,c}$は，次式で示すように「a, c間」と「b, c間」の距離$d_{a,c}$，$d_{b,c}$のうち，最短の距離が採用される。

$$d_{ab,c} = \min(d_{a,c}, d_{b,c}) \tag{9.2}$$

図9.7（a）に示すとおり，$d_{a,c}=40$，$d_{b,c}=25$であるため，C_{ab}とC_cの距離$d_{ab,c}$は最小の25となる。同様に$d_{ab,d}=45$となる。以上より，C_{ab}形成後の距離行列は図9.7（b）のように更新される。

　一つのクラスターになるまで手順②と③を繰り返す。クラスタリングが完了した後は，9.1.3項で述べたデンドログラムを作成して個体間類似度を考察

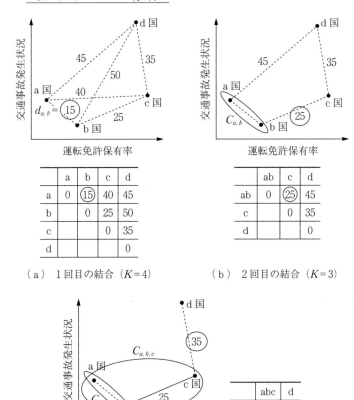

（a）　1回目の結合（$K=4$）

（b）　2回目の結合（$K=3$）

（c）　3回目の結合（$K=2$）

図 9.7　最短距離法によるクラスタリングと距離行列

し，適当な位置でデンドログラムを切断してクラスターを形成する。この手順
については「9.4節：デンドログラム」で説明する。

　最短距離法は，クラスター内に一つでも類似度が高い個体があればつぎつぎ
に結合していく性質がある。そのため**図 9.8**に示すように，ある特定の方向
に結合が伸びて鎖型に結合されることがある。これを**鎖効果**（chain effect）
という。図9.8上部の点Aは下の点と近そうに見えるが，クラスター化され
ていない。このような性質から，最短距離法によるクラスタリングでは，結果

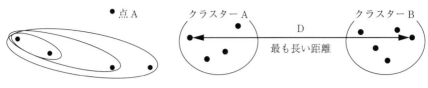

図9.8 鎖型の結合　　　　図9.9 最長距離法による距離の特定

の解釈が困難になる可能性がある。一般的に，最短距離法は分類感度が低く，直感とは合わない結果が出るといわれており，クラスター分析で使われることは多くない。

〔2〕 **最長距離法**　　**最長距離法**（furthest neighbor method）とは，**図9.9**に示すとおり，各クラスターに属する個体間距離のうち，「最も距離的に遠い（非類似度が最大の）個体間距離をクラスター間の距離」として結合していく方法である。つまり，最短距離法とは対照的な考え方でクラスタリングを行う。最長距離法では，ボックス1手順③の「新規クラスターと既存クラスターの非類似度の計算方法」が最長距離法によるアルゴリズムにより決定される。

　式（9.3）で示すように，C_{ab} と C_c の距離は，「a，c 間」と「b，c 間」の距離 $d_{a,c}$，$d_{b,c}$ のうち，最長の距離が採用される。

$$d_{ab,c} = \max(d_{a,c},\ d_{b,c}) \tag{9.3}$$

図9.10（a）に示すとおり，$d_{a,c}=40$，$d_{b,c}=25$ であるため，C_{ab} と C_c の距離は最長の 40 となる。同様に $d_{ab,d}=50$ として距離表を更新する。手順② に戻りクラスタリングを実行すると，最短距離は $d_{c,d}$ の 35 であるため，つぎに結合されるのは C_c と C_d で $C_{cd}\{c, d\}$ が作成される[†]。

　以上が最長距離法によるクラスタリングであるが，図9.7の最長距離法での距離行列と比較すると，最短距離法の場合と結論が変わっていることがわかる。最短距離法では3回目の結合（図9.7（c））で $\{a, b, c\}$ と $\{d\}$ のクラスターに分類されたが，最長距離法の3回目の結合（図9.10（c））では $\{a, b\}$ と $\{c, d\}$ のクラスターに分類されている。

[†] 最長距離法では，クラスター間の距離を決定するのは個体間の距離が「最長」のもので，そのうち「最小」のクラスター間距離のクラスターどうしを結合する。

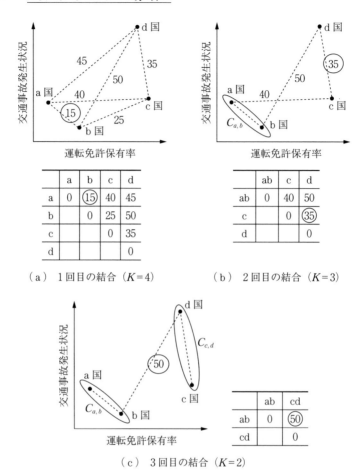

（a）　1 回目の結合（*K*=4）　　　　（b）　2 回目の結合（*K*=3）

（c）　3 回目の結合（*K*=2）

図9.10　最長距離法によるクラスタリングと距離行列

〔3〕　**群 平 均 法**　　**群平均法**（group average method）とは，**図9.11**に
示すとおり，「クラスター間の非類似度を対のクラスターに属する全個体間距
離の算術平均」とする方法である。最短距離法や最長距離法と比較して，クラ

図9.11　群平均法による距離の特定

スター間の非類似度を表現するイ
メージに近いとされており，比較的
無難なクラスター間距離の特定方法
といえる。

　群平均法でのクラスタリングの手順は，ボックス1手順③の「新規クラスターと既存クラスターの非類似度の計算方法」が群平均法によって決定される点で異なり，手順②までに$C_{ab}\{a,b\}$が形成されることはこれまでと同様である。

　手順③の新規クラスターC_{ab}と既存クラスターの距離の特定に群平均法の考え方を用いる。まず簡単のために，クラスターC_aとC_bとの距離を群平均法により表現すると，式（9.4）のように表すことができる。

$$d_{a,b} = \frac{1}{n_a n_b} \sum_{r \in C_a} \sum_{s \in C_b} d_{rs} \tag{9.4}$$

n_aとn_bはそれぞれC_aとC_bに含まれる個体数で，rとsはそれぞれクラスターC_a，C_cに含まれる個体である。これより，結合するクラスター$C_a \cup C_b{}^{\dagger}$とC_cとの距離は式（9.5）のように求められる。

$$d(C_a \cup C_b,\ C_c) = \frac{1}{(n_a + n_b)n_c} \sum_{r \in n_a \cup n_b} \sum_{s \in C_c} d_{rs} = \frac{n_a}{n_a + n_b}d_{ac} + \frac{n_b}{n_a + n_b}d_{bc} \tag{9.5}$$

　式（9.5）を用いると，$d(C_a \cup C_b, C_c)$と$d(C_a \cup C_b, C_d)$は以下のように算出される。

$$d(C_a \cup C_b,\ C_c) = \frac{1}{1+1} \times 40 + \frac{1}{1+1} \times 25 = 32.5$$

$$d(C_a \cup C_b,\ C_d) = \frac{1}{1+1} \times 45 + \frac{1}{1+1} \times 50 = 47.5$$

　以上のように新規クラスターと既存クラスターとの距離を算出すると，距離行列は**図9.12**（b）のように更新される。つぎに，$C_{ab} \cup C_c$とC_dとの距離は以下のように求められ，図（c）のように更新される。

$$d(C_{ab} \cup C_c,\ C_d) = \frac{n_{ab}}{n_{ab} + n_c}d_{ab,d} + \frac{n_c}{n_{ab} + n_c}d_{c,d}$$

$$= \frac{2}{2+1} \times 47.5 + \frac{1}{2+1} \times 35 = 43.3$$

---

† C_{ab}と$C_a \cup C_b$は基本的に同義であるが，前者は「すでに結合済みのクラスター」であり，後者は「これから結合するクラスター」という意味合いで用いている。その理由としては，例えば，$C_{ab} \cup C_c$ではC_{ab}とC_cが結合することがわかるが，C_{abc}ではそれを判別できないためである。

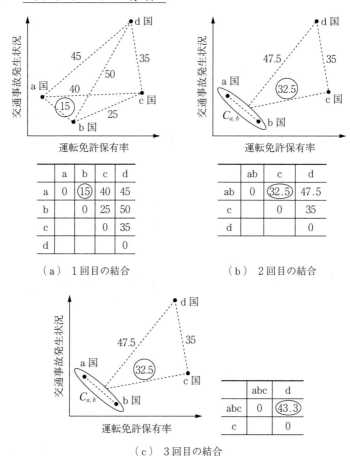

（a）　1回目の結合　　　　　　　　（b）　2回目の結合

（c）　3回目の結合

図9.12　群平均法によるクラスタリングと距離行列

〔**4**〕　**重　心　法**　　**重心法**（centroid method）とは，**図9.13**に示すとおり，「各クラスターにおける各個体の重心間距離をクラスター間の非類似度」とする方法である。重心法は群平均法と同様に，クラスター間の類似度を表現するイメージに合った手法とされており，しばしば適用事例がある。

クラスター C_{ab} と C_c 間の距離は式（9.6）のように表される。

$$d(C_a \cup C_b,\ C_c) = \frac{n_a}{n_a + n_b} d_{a,c} + \frac{n_b}{n_a + n_b} d_{b,c} - \frac{n_a n_b}{(n_a + n_b)^2} d_{a,b} \qquad (9.6)$$

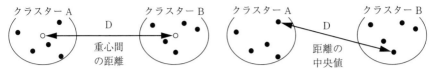

図9.13　重心法による距離の特定　　図9.14　メジアン法による距離の特定

〔5〕　**メジアン法**　　メジアン法（median method）とは，**図9.14**に示すとおり，「各クラスターに属する個体間距離の中央値を非類似度」とする方法である。メジアン法は最短距離法と最長距離法の中間的な方法として位置付けられている。

また，メジアン法は重心法をより単純化した方法といえる。重心法の場合，式（9.6）のように個体間距離をクラスターに属する個体の数（n_a，n_b）で重み付けするのに対し，メジアン法の場合は式（9.7）に示すとおり重みを等しく取る。クラスター C_{ab} と C_c 間の距離は以下の式で表される。

$$d(C_a \cup C_b,\ C_c) = \frac{1}{2}d_{a,c} + \frac{1}{2}d_{b,c} - \frac{1}{4}d_{a,b} \tag{9.7}$$

〔6〕　**ウォード法**　　ウォード法（Ward's method）とは，「クラスターの結合により生じる変動を最小にするように結合する」方法である。クラスターの結合による変動はクラスター内の各個体と平均の差の2乗である偏差平方の和として表される。

ここで，二つのクラスター C_{ab} と C_c を結合して $C_{ab,c}$ を作成するとき，各クラスター内の変動（偏差平方和）には以下の関係が成り立つ。

$$S_{ab,c} = S_{ab} + S_c + \Delta S_{ab,c} \tag{9.8}$$

$S_{ab,c}$，S_{ab}，S_c はそれぞれ $C_{ab,c}$，C_{ab}，C_c 内の偏差平方和である。$\Delta S_{ab,c}$ はクラスターを統合することによる偏差平方和の増分であり，ウォード法ではこの $\Delta S_{ab,c}$ がクラスター間の非類似度（情報損失量）として定義される（**図9.15**）。この非類似度を最小とするクラスターどうしを統合していくのがウォード法である。

まず簡単のために，C_a と C_b を結合させたときの偏差平方和の増分 $\Delta S_{a,b}$ を式（9.9）のように表現する。

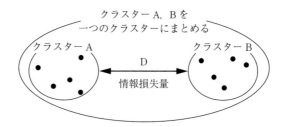

図 9.15　ウォード法による距離の特定

$$\Delta S_{a,b} = \frac{n_a n_b}{n_a + n_b} \sum_{i=1}^{m} \left(\overline{x}_i^{(a)} - \overline{x}_i^{(b)} \right)^2 \tag{9.9}$$

$\overline{x}_i^{(a)}$, $\overline{x}_i^{(b)}$ はそれぞれ C_a と C_b の平均である。これを応用し，C_{ab} と C_c を結合させたときの偏差平方和の増分 $\Delta S_{ab,c}$ は式 (9.10) のように表すことができる。

$$\Delta S_{ab,c} = \frac{(n_a + n_b)n_c}{n_a + n_b + n_c} \sum_{i=1}^{m} \left(\overline{x}_i^{(a \cup b)} - \overline{x}_i^{(c)} \right)^2$$

$$= \frac{1}{n_a + n_b + n_c} \{ (n_a + n_c) \Delta S_{ac} + (n_b + n_c) \Delta S_{bc} + - n_k \Delta S_{ab} \}$$

$$\tag{9.10}$$

　ウォード法の性質上，近接する対象どうしをクラスター化する傾向があるため，明らかに少数のクラスターを形成することがある。しかし，ウォード法は分類感度がよいとされており，比較的よく用いられる方法である。

9.3.3　非階層的クラスタリング

　非階層的クラスタリングでは，あらかじめクラスター数を k 個設定して全個体をいずれかの（決められた）クラスターに分類し，ある基準を用いて分類を調整していく方法である。ここでは，非階層的クラスタリングの代表的手法である **k 平均法**（k-means method）について説明する。

　k 平均法の基本的な考え方は以下になる。

① 分類対象の個体について最初の k 個をそれぞれ初期シード点とする。

② k 個のシード点と個体との非類似度を算出し，個体をシード点に分類する。

③ 収束条件を満足するまでシード点の変更を繰り返す。

以上が k 平均法の基本的な考え方である。ここでは一例として，MacQueen (1967) のアルゴリズムをボックス 2 に示す[†]。

ボックス 2 k 平均法によるクラスタリングの手順

手順① 分類対象の n 個の個体の最初の k 個をそれぞれ k 個の初期シード点として残りの $n-k$ 個の個体を最も近いシードに割り当てる。
手順② 各クラスターの重心を計算し，それをシード点とする。
手順③ 新たに算出したシード点に全個体を割り当てる。
手順④ クラスターの重心（シード点）が変化しなくなれば（収束すれば）終了。収束しなければ手順②，③を繰り返す。

k 平均法では，手順①で k 個の初期シード点を指定し，それに基づいて個体が割り当てられていく。この初期シード点の与え方により結果として得られるクラスターは多くの場合で異なる。このように，k 平均法には結果に関する一意性の欠点が存在する。この欠点を克服するため，例えば初期シード点についてさまざまなケースを想定し，比較的おさまりがよいと考えられる結果を採用するということが考えられる。

9.4 デンドログラム

クラスター分析では，個体間の非類似度を視覚的に表現する方法として，デンドログラムが用いられる。前節の最短距離法と最長距離法で示した例について，デンドログラムを用いて個体間の非類似度を表現する。横軸を個体間の非類似度（もしくは類似度）とすると，**図 9.16** のようなデンドログラムを作成することができる。横軸は非類似度であるため，横軸の値が小さいほど個体間の類似度は高いことになる。

デンドログラムを適当な距離で切断すると，各個体がクラスターに分類される。例えば，図 9.16 について非類似度が 30 の位置で切断すると，図（a）は {a, b, c}, {d} のクラスターを得ることができる。区切り位置によりクラスター

[†] ほかには Lloyd (1967)，Forgy (1965)，Hartigan and Wong (1979) などが存在する。

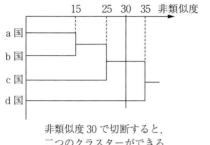

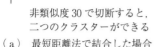

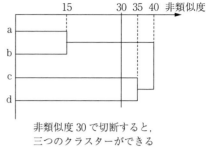

図9.16　デンドログラムによる非類似度の図示

の個数が異なるため，人為的にクラスターの数は確定される。つまり，最終的に得られるクラスターの数は分析者（あなた）に任されているのである。

　区切り位置を決定する一つの方法として，クラスター間の非類似度が比較的大きくなる位置で区切る考え方がある。例えば，図9.16（b）では，クラスター{a, b}と{c, d}の間の距離が20で他クラスター間と比較して非類似度が高いため，この位置で区切るのが適切であるという考え方を持つことができる。このように区切り位置を決定する方法はあくまでも一例である。

　ここで，図9.16（b）の最長距離法で得られたデンドログラムについて見てみる。図（a）のときと同様に，非類似度が30のときにデンドログラムを切断すると，{a, b}，{c}，{d}と三つのクラスターを得ることができる。図（a）のときと区切り位置が同じであっても，分析に用いる方法によって得られるクラスター数は異なることがあることがわかる。

9.5　Excel によるクラスター分析

　クラスター分析では，通常は専門のソフトウェアにより計算される。しかし本書では，クラスター分析の理解を深化させることを目的として，Excel を用いたクラスター分析の方法を解説する。

　図9.17 に示す8都道府県の道路密度（km/km²）と公共交通密度（km/100 km²）を変数としてクラスター分析を実践する。両データは平均値が

図9.17 利用データ

	A	B	C	D	E	F	G	H	I
1	項目	東京都	大阪府	愛知県	神奈川県	埼玉県	千葉県	兵庫県	北海道
2	道路密度(km/km2)	11.43	6.97	8.48	6.25	11.29	7.25	3.6	1.01
3	公共交通密度(km/100km2)	49.45	40.74	18.28	31.36	18.45	17.03	11.7	3.27
4									
5	道路密度	平均	7.04		標準偏差	3.32			
6	公共交通密度	平均	23.79		標準偏差	14.47			
7									
8	項目	東京都	大阪府	愛知県	神奈川県	埼玉県	千葉県	兵庫県	北海道
9	道路密度(km/km2)	1.32	-0.02	0.44	-0.24	1.28	0.06	-1.03	-1.81
10	公共交通密度(km/100km2)	1.77	1.17	-0.38	0.52	-0.37	-0.47	-0.84	-1.42
11									

大きく異なるため，9.1.1項と同様にデータを標準化して分析を実施する。標準化後のデータを図9.17の8〜10行に示す[†]。

クラスター分析でまず初めに行うことは，個体間の非類似度を算出することである。ここでは，道路密度と公共交通密度の2変数について，都道府県間のユークリッド距離（式（9.2））を算出する。8都道府県を対象にしているため，距離を28個算出する必要がある。例として東京・大阪間のユークリッド距離の算出過程を**図9.18**に示す。距離の公理により，東京・大阪間を算出すれば大阪・東京間を算出する必要はない。

	A	B	C	D	E	F
1	項目	東京都	大阪府	差	差の二乗	二乗の和
2	道路密度(km/km2)	1.32	-0.02	1.34	1.80	2.17
3	公共交通密度(km/100km2)	1.77	1.17	0.60	0.36	
4					距離	
5						1.47

図9.18 東京，大阪間の非類似度の算出

以上の計算を他の都道府県間でも実施し，**図9.19**に示すような距離表を作成する。この時点ではクラスター数は8（各個体がクラスターとみなす）なので $K=8$ となる。ここまでがボックス1に示すクラスタリング手順の「手順①」となる。

つぎに，ボックス1に示すクラスタリングの「手順②」として，全個体間で非類似度が最小のクラスターどうしを結合する。min関数を用いることによ

[†] 9.1.1項で東京都，大阪府，愛知県，神奈川県の4都府県と対象にデータの標準化を実施したが，今回は8都道府県が対象であるため，4都府県の標準化後の値とは異なる。

	A	B 東京	C 大阪	D 愛知	E 神奈川	F 埼玉	G 千葉	H 兵庫	I 北海道	J
2	東京	-	1.47	2.33	2.00	2.14	2.57	3.52	4.48	
3	大阪		-	1.62	0.68	2.02	1.64	2.25	3.15	
4	愛知			-	1.13	0.85	0.38	1.54	2.48	
5	神奈川				-	1.76	1.04	1.58	2.50	
6	埼玉					-	1.22	2.36	3.27	
7	千葉						-	1.16	2.11	
8	兵庫							-	0.97	
9	北海道								-	
10										
11	最小値		0.38							

図 9.19 距離表の作成（初期値，$K=8$）

り，図 9.19 に示した距離表から容易に最小値を特定することができる。任意のセル（ここでは B11）に［=min(B2:I9)］と入力することにより，最小値が 0.38（G4 セル）であることがわかるため，{愛知，千葉}を結合する。

「手順③」として，新規クラスター{愛知，千葉}と他の個体との距離を算出する。ここでは例として群平均法によりクラスター間の距離を算出するため，式（9.5）を用いる。クラスター間距離の計算の結果，**図 9.20** に示すような距離表に更新される。更新された距離表は $K=7$（クラスター数が 7）で $K > 1$ のため，手順②に戻ってクラスター（個体）間距離が最小の値を見つけ出し，結合していく。

	A	B 東京	C 大阪	D 愛知	E 神奈川	F 埼玉	G 千葉	H 兵庫	I 北海道	J
2	東京	-	1.47	2.33	2.00	2.14	2.57	3.52	4.48	
3	大阪		-	1.62	0.68	2.02	1.64	2.25	3.15	
4	愛知			-	1.13	0.85	0.38	1.54	2.48	
5	神奈川				-	1.76	1.04	1.58	2.50	
6	埼玉					-	1.22	2.36	3.27	
7	千葉						-	1.16	2.11	
8	兵庫							-	0.97	
9	北海道								-	
10										
11	最小値		0.38							
12										
13										

	A	B 東京	C 大阪	D 愛知、千葉	E 神奈川県	F 埼玉県	G 兵庫県	H 北海道	I	J
15	東京	-	1.47	2.45	2.00	2.14	3.52	4.48		
16	大阪		-	1.63	0.68	2.02	2.25	3.15		
17	愛知、千葉			-	0.75	0.61	1.35	2.29		
18	神奈川県				-	1.76	1.58	2.50		
19	埼玉県					-	2.36	3.27		
20	兵庫県						-	0.97		
21	北海道							-		
22										
23	最小値		0.61							

図 9.20 距離表の作成（$K=7$）

　以上の作業を繰り返すと，最終的に一つのクラスターまでクラスタリングすることができる。その結果として，**図9.21**のデンドログラムを描くことができる。図を見ると，「道路密度」と「公共交通密度」という観点からは，兵庫と北海道が他の都府県とは異なるグループに属することがわかる。図9.17に示す標準化データをみると，道路密度と公共交通密度の両変数ともに負の値となっており，兵庫県と北海道から成るクラスターは交通インフラの密度が相対的に低いことがわかる。また，{千葉，愛知，埼玉}と{大阪，神奈川}のクラスターを比較すると，前者（後者）は道路密度が正の値（負の値）であるのに対し，公共交通密度が負の値

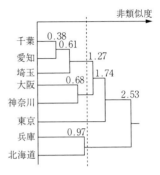

図9.21　デンドログラム

（正の値）となっている。これより，{千葉，愛知，埼玉}は{大阪，神奈川}よりも相対的に道路密度は高いものの，公共交通密度は低い地域であることが示唆される。なお，東京は道路密度と公共交通密度ともに突出して高いため，他の道府県とクラスターを形成せず，単独にしておくことも妥当と考えられる。

演 習 問 題

【1】**表9.3**に示す8都道府県について，「10万人あたり死傷者数」，「65歳以上運転免許保有者数」，「100人あたり自動車保有台数」のデータを得た。これらのデータを用いてクラスター分析を実施せよ。デンドログラムを描き，非類似度を参考に切断場所を決定し，クラスターを形成せよ。なお，クラスター間の距離は群平均法を用いることとし，クラスター分析の前にデータを標準化せよ。

表9.3

項目	東京都	大阪府	愛知県	神奈川県	埼玉県	千葉県	兵庫県	北海道
10万人あたり死傷者数〔人/10万人〕	324	584	770	398	523	399	669	273
65歳以上運転免許保有者数〔人〕	1 099 203	867 115	978 381	951 964	881 309	782 209	675 956	689 070
100人あたり自動車保有台数〔台/100人〕	23	31	55	34	43	44	41	51

10
数 量 化 理 論

　数量化理論とは，程度，有無，状態などを示す質的変数のカテゴリーに数値を割り付けて，量的変数を多次元的に解析する方法のことである。土木・交通計画分野では「賛成・反対」や「休日・平日」などの質的変数を取扱うことも多いため，数量化理論を用いた分析例は数多く存在する。数量化理論には I ～ VI 類の6種類の方法があるが，本章では利用事例の多い I ～ III 類について説明する。

10.1 基本的な概念と位置づけ

　これまでに学んできた多変量解析手法では，「車両速度」，「駅の利用者数」など，基本的には量的データが得られることを前提としている。しかしながら，実際の土木・交通計画分野においては，量的データだけでなく質的データ[†]が得られることも多い。例えば，アンケート調査では「性別」，「職業」などの質的データが得られ，ある施策に対する賛否の意向を尋ねる際には「賛成」，「反対」といったように，名義尺度の質的データが得られることもある。数量化理論は，このような質的データが得られた際に，各分析手法に適した数量に変換した値により多変量解析を行おうとする考え方である。

　数量化の方法は，「外的基準のある場合」と「外的基準のない場合」に大別される。外的基準とは，説明もしくは予測される対象であり，回帰分析でいうところの目的変数に相当する。外的基準のある場合の数量化方法とは，質的要因を説明変数として目的変数を説明し，そのときの各要因の影響の大きさを評価しようとするもので，数量化理論 I，II 類がこれに相当する。数量化理論 III 類は外的基準のない場合に相当する。数量化理論には I ～ VI 類の6種類の方法があるが，本章では利用事例の多い I ～ III 類について説明する。

---

†　2章で学んだように，質的データには「名義尺度」，「順序尺度」，「間隔尺度」，「比率尺度」の4種類が存在する。

10.2　数量化理論 I 類

10.2.1　質的データの数量化

　数量化理論 I 類は，質的データを説明変数，量的データを目的変数とした分析方法である。これは 4 章で学んだ**回帰分析**に相当する。ここでは，**表 10.1**に示すある鉄道駅での「利用者数」とそれに対応する「曜日」と「天気」のデータを用いて数量化理論 I 類について学んでいこう。

表 10.1　ある鉄道駅の利用者数と曜日・天気データ

調査日	鉄道利用者数〔1 000 人／日〕	曜日	天気	調査日	鉄道利用者数〔1 000 人／日〕	曜日	天気
1	47.6	平日	晴	4	40.2	平日	雨
2	35.6	休日	晴	5	52.3	平日	晴
3	41.6	平日	雨	6	25.0	休日	雨

　予測の対象を「鉄道利用者数」とすると，目的変量は量的データとなる。一方，鉄道利用者数を説明する変数は「曜日」と「天気」である。曜日のカテゴリーは「平日・休日」，天気は「晴・雨」の質的データである。説明変数は「平日・休日」などの質的変数のままでは分析できないため，ここでは平日を 1，休日を 0 としてカテゴリーを数量化する。天気についても晴を 1，雨を 0として数値化すると，**表 10.2**のように書き改めることができる。

表 10.2　数量化された分析データ

アイテム	曜日		天気		鉄道利用者数
カテゴリー	平日	休日	晴	雨	〔1 000 人／日〕
1	1	0	1	0	47.6
2	0	1	1	0	35.6
3	1	0	0	1	41.6
4	1	0	0	1	40.2
5	1	0	1	0	52.3
6	0	1	0	1	25.0

10.2.2 カテゴリーウェイト

数量化理論I類での目標は,「鉄道利用者数」を説明する曜日アイテム(平日,休日)と天気アイテム(晴,雨)を数量化することである。そこで,**表10.3**のように,仮に曜日アイテムの平日,休日にそれぞれ a_1, a_2, 天気アイテムの晴,雨にそれぞれ b_1, b_2 の重みを設定する。これらの値は各カテゴリー

表10.3 カテゴリーウェイトの設定

アイテム	曜日		天気	
カテゴリー	平日	休日	晴	雨
ウェイト	a_1	a_2	b_1	b_2

(曜日,天気)の鉄道利用者数に与える重み(ウェイト)を示しているため,**カテゴリーウェイト**(category weight)と呼ばれる。

表10.3に示したカテゴリーウェイトを用いて,目的変量となる「鉄道利用者数」の理論値を算出する。理論値は**サンプルスコア**(sample score)と呼ばれ,**表10.4**のように示される。

表10.4 サンプルスコアの算出

アイテム	曜日		天気		サンプルスコア	鉄道利用者数
カテゴリー	平日	休日	晴	雨		
ウェイト	a_1	a_2	b_1	b_2		
1	1	0	1	0	a_1+b_1	47.6
2	0	1	1	0	a_2+b_1	35.6
3	1	0	0	1	a_1+b_2	41.6
4	1	0	0	1	a_1+b_2	40.2
5	1	0	1	0	a_1+b_1	52.3
6	0	1	0	1	a_2+b_2	25.0

以上のように表現することで,外的基準である「鉄道利用者数」の理論値についてサンプルスコアを得ることができる。例えば,調査日1での鉄道利用者数のサンプルスコアは「a_1+b_1」となる。この段階ではサンプルスコアはカテゴリーウェイトでの a_1, a_2, b_1, b_2 で表されるため,これらの値を推定する必要があることがわかる。

カテゴリーウェイトの推定には,4章の回帰分析で学んだ**最小二乗法**を用い

る。すなわち，「サンプルスコアと目的変量との誤差の平方和を最小にするように」カテゴリーウェイト a_1, a_2, b_1, b_2 を推定する。サンプルスコアと目的変量の誤差平方和を Q とすると，Q はつぎのように得ることができる[1]。

$$Q = \{47.6 - (a_1 + b_1)\}^2 + \{35.6 - (a_2 + b_1)\}^2 + \cdots + \{25.0 - (a_2 + a_2)\}^2$$
(10.1)

この Q を最小化するようなカテゴリーウェイトを決定すればよい。

ここで，解が a_i, b_j $(i=1, 2, j=1, 2)$ と得られたとすると，これらの解に定数 c を加減した a_i+c, b_j-c（または a_i-c, b_j+c）も解として成り立つことに注意が必要である。つまり，この性質は解に一意性がなく，任意性を持つことを意味している。この任意性の性質を除去する目的で，数量化理論 I 類では，平方和 Q の式の最後のカテゴリーウェイト b_2 を 0 とする処置がとられることが通常である[2]。

10.2.3 Excel による数量化理論 I 類の分析手順

〔1〕 **分析データの入力とカテゴリーウェイトの初期値の設定** Excel を用いた数量化理論 I 類の解法を実践する。分析の前段階として，**図 10.1** に示すような Excel シートを準備する。

① 基データとなる表 10.4 の値を B4 〜 E9 に入力する。

② サンプルウェイト（B3 〜 E3）とサンプルスコアの式（F 列）を入力する。この段階では，カテゴリーウェイトは初期値として適当に設定しておく必要

	A	B	C	D	E	F	G
1	アイテム	曜日		天気		サンプル	鉄道
2	カテゴリー	平日	休日	晴	雨	スコア	利用者数
3	ウェイト	20.00	20.00	20.00	0		
4	1	1	0	1	0	40.0	47.6
5	2	0	1	1	0	40.0	35.6
6	3	1	0	0	1	20.0	41.6
7	4	1	0	0	1	20.0	40.2
8	5	1	0	1	0	40.0	52.3
9	6	0	1	0	1	20.0	25

図 10.1 分析データの入力と初期値の設定

---
† 1 誤差平方和の詳細は 4 章を参照されたい。
† 2 2 番目のアイテム以降のどれか一つのカテゴリーを 0 にする処置がとられる。どのカテゴリーウェイトの値を 0 にしてもよいし，0 以外の値に設定しても問題ないが，最後のカテゴリーウェイトを 0 とするのが最も簡便かつ明快である。

があり，ここでは仮に 20 としておく（B3 ~ D3）。ただし，前節で $b_2=0$ の条件を与えたため，b_2 のみ 0 と設定する（E3）。

F 列には各調査日のサンプルスコアの式が入力される。例えば，調査日 1（4 行目）であれば，「a_1+b_1」が計算されるように入力する。ここでは，SUMPRODUCT 関数を用いてサンプルスコアを計算する。例えば，調査日 1 のサンプルスコアの計算として「=SUMPRODUCT($B$3:$E$3,B4:E4)」と F4 セルに入力する。調査日 2 ~ 6 にはこの関数をフィルハンドルでコピーする。これにより，図 10.1 のように分析の下準備が整うことになる。

〔2〕 **誤差平方和の計算（初期値）**   誤差平方和 Q を算出する。現段階ではカテゴリーウェイトを任意の値としているため，（当然のことながら）誤差の値は大きく算出される。H 列で各調査日のサンプルスコアと鉄道利用者数の誤差 q_i を計算し，I 列で q_i を 2 乗する。その合計を I 11 セル（=SUM(I4:I9)）に示す。これが誤差の平方和 Q であり，最小化の対象となる。

なお，平方和は SUMXMY2 関数を用いて瞬時に算出することが可能である。例えば，任意のセルで「=SUMXMY2(F4:F9,G4:G9)」と入力すると**図 10.2** に示されている 1128.0 を得ることができる。

	A	B	C	D	E	F	G	H	I
1	アイテム	曜日		天気					
2	カテゴリー	平日	休日	晴	雨	サンプル	鉄道	誤差q	q^2
3	ウェイト	20.00	20.00	20.00	0	スコア	利用者数		
4	1	1	0	1	0	40.0	47.6	-7.6	57.8
5	2	0	1	1	0	40.0	35.6	4.4	19.4
6	3	1	0	0	1	20.0	41.6	-21.6	466.6
7	4	1	0	0	1	20.0	40.2	-20.2	408.0
8	5	1	0	1	0	40.0	52.3	-12.3	151.3
9	6	0	1	0	1	20.0	25	-5.0	25.0
10									
11								誤差の平方和Q	1128.0

図 10.2 誤差平方和の計算

〔3〕 **カテゴリーウェイトの推定**   4 章や 5 章でも用いた Excel のソルバー機能により，誤差の平方和 Q を最小にするカテゴリーウェイトを推定する。なお，ソルバーによる最小化の手順は 5 章[†]でも実施したため，詳細の説

---

† 5 章では対数尤度の最大化を実施した。

明は割愛する。[ソルバー]ダイヤログボックス内にて，最小化の対象を誤差の平方和 Q（I 11 セル）と指定する。[変数セルの変更]には，Q を最小化するために変化させるパラメータであるカテゴリーウェイトを入力する。ただし，$b_2 = 0$ の制約条件を追加する必要がある。具体的には，「制約条件の対象」で「追加」をクリックすると図10.3のダイアログボックスが表示され，そこで「E3 セルは 0」という制約条件を課す。これらの条件の設定後，誤差平方和 Q を最小化すると，カテゴリーウェイトは図10.4に示すように推定される。

図10.3　制約条件の追加

	A	B	C	D	E	F	G	H	I
1	アイテム		曜日		天気				
2	カテゴリー	平日	休日	晴	雨	サンプル	鉄道	誤差q	q²
3	ウェイト	40.64	25.52	9.57	0	スコア	利用者数		
4	1	1	0	1	0	50.2	47.6	2.6	6.8
5	2	0	1	1	0	35.1	35.6	-0.5	0.3
6	3	1	0	0	1	40.6	41.6	-1.0	0.9
7	4	1	0	0	1	40.6	40.2	0.4	0.2
8	5	1	0	1	0	50.2	52.3	-2.1	4.4
9	6	0	1	0	1	25.5	25	0.5	0.3
10									
11								誤差の平方和Q	12.8

図10.4　パラメータ推定の結果

　以上の計算により，カテゴリースコア $a_1 = 40.64$，$a_2 = 25.52$，$b_1 = 9.57$，$b_2 = 0$ を得ることができた。ただし，b_2 は固定である。

〔4〕　**決定係数 R^2**　　予測式の信頼性を測る指標として，4 章と同じく決定係数 R^2 を用いる。決定係数 R^2 は，つぎの式により求められる。

$$R^2 = 1 - \frac{\sum_{i=1}^{n}(y_i - \hat{y})^2}{\sum_{i=1}^{n}(y_i - \overline{y})^2} = 1 - \frac{〔残差平方和〕}{〔偏差平方和〕} \tag{10.2}$$

この式は 4 章にて説明済みであるため，詳細は説明しない。残差平方和は

I 11 セルで求めたとおりである（図 10.5）。鉄道利用者数の偏差平方和につい
ては，任意のセル（ここでは I 12 セル）に「=VAR.S(G4:G9)*(6-1)」と入力す
ることにより算出できる。これらの値を式 (10.2) に代入すると，I 13 セルに
示すように $R^2 = 0.97$ が得られる。R^2 が 1 に近いため，今回のモデルの信頼
性は比較的高いことがわかる。

	A	B	C	D	E	F	G	H	I
1	アイテム	曜日		天気					
2	カテゴリー	平日	休日	晴	雨	サンプル	鉄道	誤差q	q²
3	ウェイト	40.64	25.52	9.57	0	スコア	利用者数		
4	1	1	0	1	0	50.2	47.6	2.6	6.8
5	2	0	1	1	0	35.1	35.6	-0.5	0.3
6	3	1	0	0	1	40.6	41.6	-1.0	0.9
7	4	1	0	0	1	40.6	40.2	0.4	0.2
8	5	1	0	1	0	50.2	52.3	-2.1	4.4
9	6	0	1	0	1	25.5	25	0.5	0.3
10									
11							誤差の平方和Q		12.8
12							鉄道利用者数の偏差平方和		455.1
13							決定係数R2		0.97

図 10.5　決定係数 R^2 の算出

〔5〕　レ　ン　ジ　　　数量化理論 I 類では，2 章で説明したレンジ（range）
という指標が「目的変数（外的基準）に最も影響を与える説明変数（アイテ
ム）は何か」という分析で用いられることが多い。レンジは，つぎの式で与え
られる。

レンジ＝（最大カテゴリースコア）−（最小カテゴリースコア）　(10.3)

曜日アイテムについては，最大，最小カテゴリースコアがそれぞれ 40.64 と
25.52 であるため，レンジは 15.12 となる。同様に，天気アイテムのレンジに
ついては 9.57 となる。これより，曜日アイテムが目的変量（外的基準）に与
える影響としてはより大きいことがわかる。

以上の分析結果をまとめると，表 10.5 のように提示される。

数量化理論 I 類では各アイテムと外的基準の偏相関係数を算出し，外的基準
に対する各アイテムの影響の大きさを示すこともある。偏相関係数は 0 ～ 1 の
値を取るが，1 に近いほど各アイテムと外的基準の関係が高いと解釈すること
ができる。エクセル統計などのソフトウェアでは偏相関係数が出力されるた
め，分析結果に加えるとよい。

表10.5　分析結果のまとめ

アイテム	カテゴリー	n	カテゴリーウェイト	レンジ
曜日	平日	3	40.64	15.12
	休日	3	25.52	
天気	晴	3	9.57	9.57
	雨	3	0	

決定係数 $R^2 = 0.97$

10.3　数量化理論 II 類

10.3.1　質的データの数量化

　数量化理論 II 類とは，質的データを外的基準として質的データカテゴリーを数量化する方法であり，6章で説明した**判別分析**に相当する。

　ある空港で無作為抽出した6人を対象に実施した格安航空会社（LCC）の利用経験の有無に関するアンケート調査（**表10.6**）の例を用いて数量化 II 類について考えてみる。なおアンケートでは，回答者の「所得」と「年齢」のデータも聞いている。所得は「高い，低い」，年齢は「60歳以上，60歳未満」としてデータを得た。「LCC利用経験の有無」という外的基準は「経験あり」，「なし」の2群に分けることができる。このように，群に分けられた質的データを外的基準として分析する手法が数量化理論 II 類である。

表10.6　LCC利用経験の有無

個人番号	所得	年齢	LCC利用経験	個人番号	所得	年齢	LCC利用経験
1	高い	60歳以上	有	4	低い	60歳以上	無
2	低い	60歳以上	有	5	低い	60歳未満	無
3	高い	60歳未満	有	6	低い	60歳未満	無

10.3.2　カテゴリーウェイト

　〔1〕　**カテゴリーウェイトと相関比**　　数量化理論 I 類と同様に，カテゴリーウェイトを**表10.7**のように設定する。所得アイテムの「高い」，「低い」にそれぞれ a_1, a_2, 年齢アイテムの「60歳以上」，「60歳未満」にそれぞれ

表 10.7 カテゴリーウェイトの設定

アイテム	所得		年齢	
カテゴリー	高い	低い	60 歳以上	60 歳未満
ウェイト	a_1	a_2	b_1	b_2

b_1, b_2 のカテゴリーウェイトを仮に設定する。

表 10.7 に示したカテゴリーウェイトを用いて，目的変量となる「LCC 利用有無」の理論値を算出する。数量化理論 I 類と同様に，理論値は**サンプルスコア**（sample score）と呼ばれ，**表 10.8** のように書き改められる。

表 10.8 サンプルスコアの算出

アイテム	所得		年齢		サンプル	LCC 利 用
カテゴリー	高い	低い	60 歳以上	60 歳未満	スコア z_i	経験の有無
ウェイト	a_1	a_2	b_1	b_2		
1	1	0	0	1	$a_1 + b_2$	有
2	0	1	0	1	$a_2 + b_2$	有
3	0	1	0	1	$a_2 + b_2$	有
4	1	0	1	0	$a_1 + b_1$	無
5	1	0	1	0	$a_1 + b_1$	無
6	0	1	1	0	$a_2 + b_1$	無

つぎに，各カテゴリーの数量化の方法を説明する。数量化理論 II 類では，6 章の判別分析で用いた「群を遠ざけるようにウェイトを決定する」という考え方に基づいてカテゴリーウェイトの値を決定する。今回の例では，個人番号 1 ～ 3 の「LCC 利用経験あり」の群のサンプルスコア z と，同 4 ～ 6 の「LCC 利用経験無し」の群のサンプルスコア z を最大限遠ざけるようなカテゴリーウェイトを推定する。

2 群の離れ具合の尺度として，6 章の判別分析で学んだ**相関比**を用いる。サンプルスコア z の相関比 η^2 とは，「全変動 S_T」に占める「群間変動 S_B」の割合である[†]。すなわち，式（10.4）のように定義される。

---

† 詳細は 6 章を参照されたい。

$$\eta^2 = \frac{S_B}{S_T} \tag{10.4}$$

ここで，全変動 S_T は全体のサンプルスコア z の変動，つまり偏差平方和として式 (10.5) ように与えられる。

$$S_T = \sum_{i=1}^{n} (z_i - \overline{z})^2 \tag{10.5}$$

今回の例では全変動 S_T はつぎのように算出することができる。

$$S_T = (z_1 - \overline{z})^2 + (z_2 - \overline{z})^2 + \cdots + (z_6 - \overline{z})^2$$

$$= (a_1 + b_2 - \overline{z})^2 + (a_2 + b_2 - \overline{z})^2 + \cdots + (a_2 + b_1 - \overline{z})^2$$

ここで，$\overline{z}$ はサンプルスコア z の平均値を示している。また，LCC 利用経験者数を n_p，未経験者数を n_Q とすると，群間変動 S_B は次式により求められる。

$$S_B = n_p(\overline{z}_p - \overline{z})^2 + n_Q(\overline{z}_Q - \overline{z})^2 \tag{10.6}$$

式 (10.6) と**図 10.6** に示すように，群間変動 S_B は全サンプルの中心から各群のサンプルの中心までの差であり，群間の離れ具合を表している。なお，6 章で説明したとおり，S_W を群内変動とすると，$S_T = S_B + S_W$ の関係が成り立つ。

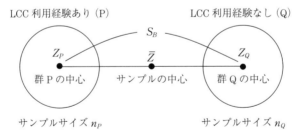

LCC 利用経験あり（P）　　　　LCC 利用経験なし（Q）

S_B

Z_P　　　$\overline{Z}$　　　Z_Q

群 P の中心　サンプルの中心　群 Q の中心

サンプルサイズ n_P　　　　サンプルサイズ n_Q

図 10.6 群間変動 S_B の概念図

式 (10.4) で与えられた相関比 η^2 は 2 群間の離れ具合の尺度である。1 に近づくほど 2 群は分離され，0 に近づくほど 2 群間の距離が近く，各群の個体が混在することとなる。したがって，サンプルスコア z の相関比 η^2 が最大になるようにカテゴリーウェイトを決定することにより，「LCC 利用経験の有無」の各群を遠ざけるようなカテゴリーウェイトを推定することができる。

〔2〕　**カテゴリーウェイトの条件付けと相関比の最大化**　　数量化理論II

類では，η^2 が最大となるようなカテゴリーウェイト a_1, a_2, b_1, b_2 を決定すれ
ばよいことを述べた。ここでも，Excel のソルバー機能により η^2 を最大化し
てパラメータを推定するが，以下の2点について留意する必要がある。

① カテゴリーウェイト値の任意性　　数量化理論 I 類での計算と同様に，
数量化理論 II 類でもカテゴリーウェイトの値には任意性が存在する。相関比
は式 (10.5) と式 (10.6) の比の関係により表されるが，この関係ではサンプ
ルスコア z の絶対的な大きさには意味がないことがわかる（差のみ意味があ
る）。そこで，サンプルスコア z の分散 σ_z^2 に以下の条件を設定して相関比の
最大化を行う。

$$\sigma_z^2 = 1 \tag{10.7}$$

　この条件を付与することにより，カテゴリーウェイトの任意性を除去するこ
とができる。また，全変動＝1としてもカテゴリーウェイトの任意性は除去す
ることができる。カテゴリーウェイトの任意性除去にはさまざまな方法が存在
するが，ここでは $\sigma_z^2 = 1$ として計算を行う。

② 全変動・群間変動とサンプルスコアの関係　　変動を表している式
(10.5)，式 (10.6) は偏差から構成されているため，サンプルスコア z の値は
その差（相対的）にのみ意味があることを述べた。そのため，各アイテムのう
ち少なくとも一つのカテゴリーを決定しなければ，カテゴリーウェイトに任意
性が残ってしまう。そこで，各アイテムのうち任意のカテゴリー値の一つをゼ
ロとする処置をとる。ここでは，以下のように設定する。

$$a_2 = 0, \quad b_2 = 0 \tag{10.8}$$

　② においても，① と同様にさまざまな設定方法が存在する。つまり，所得
については a_1, a_2, 年齢については b_1, b_2 のどちらか一方を任意の値で固定
すればよい。以上の ① と ② のような条件を設けることにより，一意性を有し
たカテゴリーウェイトを推定することが可能となる。

　ここまで設定したら，相関比を最大化してカテゴリーウェイトを推定するこ
とができる。相関比の最大化には，次式の微分を実行すればよい。

$$\frac{\partial \eta^2}{\partial a_1}=0, \quad \frac{\partial \eta^2}{\partial b_1}=0 \tag{10.9}$$

以上の計算から得られる連立方程式を解くことにより，相関比を最大にするカテゴリーウェイト a_1，b_1 が得られる。なお，以上の条件のもとで式 (10.4) の最大値を求めるには，ラグランジュの未定係数法を用いる必要があるが，ここでは簡単のため，その説明は割愛する。本書では，Excel のソルバーを用いた相関比の最大化を行う。

10.3.3 Excel による数量化理論 II 類の分析手順

〔1〕 **分析データの入力とカテゴリーウェイトの初期値の設定**　Excel を用いて数量化理論 II 類の解法を実践する。**図 10.7** に示すように，分析データの入力と初期値を設定する。

	A	B	C	D	E	F	G
1	アイテム	所得		年齢		サンプル	LOC利用経
2	カテゴリー	高い	低い	60歳以上	60歳未満	スコア z_i	験の有無
3	ウェイト	1	0	1	0		
4	1	1	0	0	1	1	有
5	2	0	1	0	1	0	有
6	3	0	1	0	1	0	有
7	4	1	0	1	0	2	無
8	5	1	0	1	0	2	無
9	6	0	1	0	1	1	無

図 10.7　分析データの入力と初期値の設定

① 基データとなる表 10.8 の値を B4 ～ E9 に入力する。

② サンプルウェイト（B3 ～ E3）とサンプルスコアの式（F 列）を入力する。

カテゴリーウェイトは初期値として適当に設定しておく必要があり，ここでは仮に 1 としておく（B3，D3）。ただし，前節で $a_2=0$，$b_2=0$ としたとおり，a_2 と b_2 は 0 と設定しておく（C3，E3）。

F 列には各個人番号のサンプルスコアの式が入力される。例えば，個人番号 1（4 行目）であれば，「a_1+b_1」が計算されるように，数量化理論 I 類での計算と同様に SUMPRODUCT 関数を用いる。例えば，個人番号 1 のサンプルスコアは「=SUMPRODUCT($B$3:$E$3,B4:E4)」と F4 セルに入力し，個人番号 2 ～ 6 にはこの関数をフィルハンドルでコピーして計算する。以上の作業を行うことにより，図 10.7 に示すような分析の下準備が整う。

〔2〕 **相関比の計算（初期値）**　相関比 η^2 を算出する。現段階ではカテゴリーウェイトを任意の値としているため，η^2 は最大化されていない。F10 ～ F14 セルに示すように，分散，S_T，S_W，S_B，η^2 を算出する（**図 10.8**）。

　分散は VAR.P 関数により「=VAR.P(F4:F9)」，S_T はサンプルスコア z の偏差平方和であるため DEVSQ 関数により「=DEVSQ(F4:F9)」，S_W は各群のサンプルスコアの偏差平方和であるため「=DEVSQ(F4:F6)+DEVSQ(F7:F9)」と計算する。S_B は $S_T = S_B + S_W$ の関係より「=F11-F12」と入力する。以上より，相関比 η^2 の初期値は式（10.4）の関係から 0.53 と求められる。

	A	B	C	D	E	F	G
1	アイテム	所得		年齢		サンプル	LCC利用経
2	カテゴリー	高い	低い	60歳以上	60歳未満	スコアz_i	験の有無
3	ウェイト	1	0	1	0		
4	1	1	0	1	0	2.00	有
5	2	0	1	1	0	1.00	有
6	3	1	0	0	1	1.00	有
7	4	0	1	0	1	0.00	無
8	5	0	1	1	0	1.00	無
9	6	0	1	0	1	0.00	無
10					分散	0.47	
11					S_T	2.83	
12					S_W	1.33	
13					S_B	1.50	
14					η^2	0.53	

図 10.8　誤差平方和の計算

〔3〕 **カテゴリーウェイトの推定**　Excel のソルバー機能により，相関比 η^2 を最大にするカテゴリーウェイトを推定する。ソルバーによる計算はすでにさまざまな章で説明済みであるため詳細の説明は避けるが，数量化理論 II 類での相関比 η^2 の計算では制約条件の付与に注意する必要があり，それについて説明する。

　数量化理論 II 類では，前節の「カテゴリーウェイトの条件付け」で説明したように，$\sigma_z^2 = 1$ と $a_2 = 0$，$b_2 = 0$ を制約条件として設定する必要がある。Excel の具体的な操作としては，**図 10.9** に示す〔ソルバーのパラメータ〕ダイアログボックス内〔制約条件の対象〕の「追加」をクリックして，〔制約条件の追加〕ダイアログボックス内で F10 セルを 1，C3 と E3 セルを 0 に固定する。以上の作業により誤差の平方和を最小化すると，カテゴリーウェイトは**図 10.10** に示すように推定される。

図 10.9 ［ソルバーのパラメータ］ダイヤログボックス

	A	B	C	D	E	F	G	H
1	アイテム	所得		年齢		サンプル	LOC利用経	
2	カテゴリー	高い	低い	60歳以上	60歳未満	スコアz_i	験の有無	
3	ウェイト	1.92	0	0.85	0			
4	1	1	0	1	0	2.77	有	
5	2	0	1	1	0	0.85	有	
6	3	1	0	0	1	1.92	有	
7	4	0	1	0	1	0.00	無	
8	5	0	1	1	0	0.85	無	
9	6	0	1	0	1	0.00	無	
10					分散	1.00		
11					S_T	6.00		
12					S_W	2.33		
13					S_B	3.67		
14					η^2	0.61		

図 10.10 パラメータ推定の結果

以上の計算により，カテゴリースコア $a_1 = 1.92$, $a_2 = 0$, $b_1 = 0.85$, $b_2 = 0$ を得ることができた。ただし，a_2, b_2 は 0 で固定である。

〔4〕レ ン ジ　数量化理論 II 類においても，レンジを求めて目的変数（外的基準）に最も影響を与える説明変数（アイテム）を分析する。数量化理論 I 類で説明したレンジの式を用いると，所得アイテムと年齢アイテムのレ

表 10.9　分析結果のまとめ

アイテム	カテゴリー	n	カテゴリー ウェイト	レンジ
所得	高い	2	1.92	1.92
	低い	4	0	
年齢	60 歳以上	3	0.85	0.85
	60 歳未満	3	0	

相関比 $\eta^2 = 0.61$

ンジはそれぞれ 1.92，0.85 と求めることができる。したがって，所得アイテムのほうが目的変数（外的基準）に与える影響が高いことがわかる。

これまでの分析結果をまとめると，**表 10.9** のようになる。

数量化理論 II 類と同様に，エクセル統計などのソフトウェアで分析すると偏相関係数が出力されるので，その結果を表に加えて示すとよい。

10.4　数量化理論 III 類

10.4.1　基本的な概念と位置づけ

数量化理論 III 類（qualification theory type III）は，質的データとして表されるカテゴリーとサンプルの両方に数量的な関係を定めることにより，幾つかの新しい特性や，サンプルとカテゴリーの間の類似度を見出す手法である。目的変数を持たず，量的データの分析手法である主成分分析に相当する。

具体的な例をもって説明していこう。**図 10.11** は土木技術者の海外赴任地の実績を表したものであり，個人（サンプル）間の海外赴任地（カテゴリー）に類似性があるか明らかにする分析を想定する。本例では，赴任経験のある地域を 1，ない地域を 0 としている。このような 2 値データをサンプルのカテゴリーに対する反応とする。ここで，同一のカテゴリーに反応したサンプルは類似性が高く，また，同一のサンプルにより反応されたカテゴリーは類似性が高いと仮定する。同じような反応の仕方のサンプルとカテゴリーを集めることができれば，その類似性を把握することができる。似たような反応を集めるためには，サンプル間，カテゴリー間どうしで数値的な距離を持たせて並び替えることで可能となる。よって，反応が 1 のサンプルとカテゴリーで散布図を作成するならば，その反応が対角線に極力集中するように，サンプルとカテゴリーの並び替えを行うことと等しいといえる。

カテゴリ サンプル		東南アジア b_1	中央アジア b_2	北米 b_3	中米 b_4	南米 b_5	欧州 b_6	アフリカ b_7	計 g_i
1	a_1	1	0	0	1	1	1	0	4
2	a_2	1	1	0	0	0	0	0	2
3	a_3	1	0	0	0	0	1	0	2
4	a_4	1	0	1	0	1	0	0	3
5	a_5	0	0	0	1	1	0	1	3
6	a_6	1	1	1	0	0	1	0	4
7	a_7	0	0	1	0	0	1	0	2
8	a_8	1	0	1	0	0	0	0	2
9	a_9	0	0	1	0	0	0	0	1
10	a_{10}	0	0	1	1	1	0	1	4
11	a_{11}	1	1	0	0	0	0	0	2
12	a_{12}	1	0	0	0	0	0	0	1
13	a_{13}	0	0	1	0	0	1	0	2
14	a_{14}	0	0	0	1	0	1	1	3
15	a_{15}	1	1	1	0	1	0	0	4
計	f_j	9	4	8	4	5	6	3	39

15 人の土木技術者で海外赴任経験のある地域を 1 として反応を定義。サンプル・カテゴリスコアとして数量 a_i, b_j を設定

（a）　データ

カテゴリ サンプル		アフリカ -1.92	中米 -1.58	南米 -0.67	欧州 -0.09	北米 0.272	東南アジア 0.923	中央アジア 1.366	計 g_i
11	1.45	0	0	0	0	0	1	1	2
2	1.45	0	0	0	0	0	1	1	2
12	1.17	0	0	0	0	0	1	0	1
6	0.79	0	0	0	1	1	1	1	4
8	0.76	0	0	0	0	1	1	0	2
15	0.60	0	0	1	0	1	1	1	4
3	0.53	0	0	0	1	0	1	0	2
9	0.35	0	0	0	0	1	0	0	1
4	0.22	0	0	1	0	1	1	0	3
7	0.12	0	0	0	1	1	0	0	2
13	0.12	0	0	0	1	1	0	0	2
1	-0.45	0	1	1	1	0	1	0	4
10	-1.24	1	1	1	0	1	0	0	4
14	-1.52	1	1	0	1	0	0	0	3
5	-1.76	1	1	1	0	0	0	0	3
計	f_j	3	4	5	6	8	9	4	39

相関係数 r を最大にする a_i, b_j の数量を決定し並び替え，反応を対角線へ集中させる。

（b）　数量化理論 III 類 - 並替え -

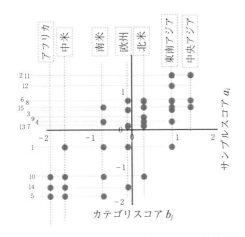

スコアで重み付けられた反応をマッピングすることで類似性の把握が可能

（c）　マッピング

図 10.11　数量化理論 III 類の概念

　ここで，対角線上に集中するように並び替えるということを数学的に表現するならば，サンプルとカテゴリーの相関関係を高めるということである。双方に設定した数量（ウェイト：a_i, b_j）に対して，a_i と b_j で重み付けされた反応の相関係数 r を最大にする a_i と b_j を推定することとなる。

　ウェイトで重み付けされた反応をマッピングすることで，その類似性を解釈することができる。例えば，隣接したサンプルやカテゴリーは類似していると

いえ，マッピング上でアフリカと中米は他の地域と離れており，土木技術者の赴任地として異なった傾向があると読み取れる。また，主成分分析と同様に複数のカテゴリーウェイトの組合せ（成分）を推定することができるので，成分間における反応のマッピングを考察することができる。

これまでカテゴリーのサイズを2値数として説明してきたが，数量化理論III類では，扱えるデータは2値データであり，三つ以上の順序尺度を扱うことはできない。三つ以上の場合は，コレスポンデンス分析を適用することになる。

例で説明したように海外赴任地の実績の有無のように2値データとして表される項目以外に，英語のスキルや国内での業務経験などを考慮する必要が生じた場合に，つぎのように対応することも可能である。例えば，英語のスキルであれば，ある点を境界に0，1で表現することも可能である。また，国内の業務経験をアンケートで3段階（十分な実績がある，一部実績がある，まったく実績がない）で回答してもらったデータがあるとき，十分と一部実績があるとの回答を1で，まったくないとの回答を0で表すなどすることで2値化して数量化理論III類を適用することも可能である。

10.4.2　解　　　　法

サンプルウェイト a_i とカテゴリーウェイト b_j の平均，分散，相関係数をつぎのように定義すると，相関係数を最大にする条件付き極値問題としての解法になる。

$$相関関数 \quad r = \frac{s_{ab}}{\sqrt{s_a s_b}} = \frac{\frac{1}{T}\sum_{i=1}^{n}\sum_{j=1}^{m}(a_i - \overline{a})(b_j - \overline{b})x_i(j)}{\sqrt{\frac{1}{T}\sum_{i=1}^{n}g_i(a_i - \overline{a})^2 \times \frac{1}{T}\sum_{j=1}^{m}f_j(b_j - \overline{b})^2}}$$

$$(10.10)$$

ここで，$x_i(j)$：サンプル i がカテゴリー j で反応がある場合は1，ない場合は0

g_i：サンプル i が反応したカテゴリーの数　$g_i = \sum_{j=1}^{m}x_i(j)$

f_j：カテゴリー j に反応したサンプルの数　$f_i = \sum_{i=1}^{n}x_i(j)$

T：総反応数　$T = \sum_{i=1}^{n}g_i = \sum_{j=1}^{m}f_i$

n, m：サンプルサイズ，カテゴリーの項目数

a_i：サンプルウェイト，b_j：カテゴリーウェイト

$\overline{a}, \overline{b}$：$a_i$，$b_j$ に関する加重平均であり，下記で計算できる。

$$\overline{a} = \frac{1}{T}\sum_{i=1}^{n}\sum_{j=1}^{m} x_i(j)a_i = \frac{1}{T}\sum_{i=1}^{n} a_i\Big(\sum_{j=1}^{m} x_i(j)\Big) = \frac{1}{T}\sum_{i=1}^{n} a_i g_i \tag{10.11}$$

さらに，相関係数は a，b の原点の位置には依存せず，また，a，b は両者の相対的な位置関係を示すウェイトなので，ウェイトの原点を任意に定めても差し支えない。ここでは，$\overline{a}=0$，$\overline{b}=0$ と定めることとする。よって相関係数はつぎのようになる。

$$相関関数 \quad r = \frac{\frac{1}{T}\sum_{i=1}^{n}\sum_{j=1}^{m} a_i b_j x_i(j)}{\sqrt{\frac{1}{T}\sum_{i=1}^{n} g_i a_i^2 \times \frac{1}{T}\sum_{j=1}^{m} f_j b_j^2}} \tag{10.12}$$

同様の理由で，a，b に関して尺度の単位は任意に設定してもかまわない。ここでは，標準化してそれぞれの分散を 1 と定めることとする。よって，r を最大にするためには，$\frac{1}{T}\sum_{i=1}^{n} g_i a_i^2 = 1$，$\frac{1}{T}\sum_{j=1}^{m} f_j b_j^2 = 1$ を制約条件として，分子の $\frac{1}{T}\sum_{i=1}^{n}\sum_{j=1}^{m} a_i b_j x_i(j)$ を最大化すればよい。ここで，g に関してラグランジュ未定乗数法を用いると，式 (10.13) を導き出すことができる。

$$\sum_{i=1}^{m}\left\{\sum_{k=1}^{n} \frac{x_k(i)x_k(j)}{g_k\sqrt{f_i f_j}}\left(\sqrt{f_j}b_j\right)\right\} = \lambda^2\left(\sqrt{f_j}b_j\right) \quad (j=1, 2, \cdots, m) \tag{10.13}$$

として，式 (10.13) を行列表示するとつぎのようになる。

$$Gu = \lambda^2 u \tag{10.14}$$

$$G = \left(h_{ij}\sqrt{f_i f_j}\right) \tag{10.15}$$

式 (10.14) を解けば固有値 λ^2 と固有ベクトル u を求めることができる。式 (10.13) において，固有ベクトル u はつぎのように表され，カテゴリーウェイト b_j を求めることができる。

$$u_j = \sqrt{g_j}b_j \tag{10.16}$$

同様に偏微分を解く過程でサンプルウェイト a_j を算出することができる。ところで，a_i，b_j の分散 $s_a = s_b = 1$ と仮定したので，λ は 1 以下となることを

忘れてはならない。

　また，数量化理論 III 類の場合，算出される最大固有値は必ず 1 となる。しかしながら，その際の a_i, b_j はすべて一定値となり，平均を 0 とした制約条件が満たされなくなるので，この固有値 1 のケースは除外する。よって，1 を除いた最大の固有値によって導かれる新たな特性のことを成分（軸）と表現することにする。

　つぎに，一つの成分だけでは，サンプルとカテゴリーの分類や特徴を抽出できない場合，複数の成分を考えていかなければならない。ここで，異なる成分は独立であるとするならば，ある成分とある成分のウェイトの内積は 0 となる必要がある。同様のことは，式 (10.14) を見ればわかるとおり，G は対称行列であるので，対称行列から算出される異なる固有値に対する固有ベクトルは互いに直交することからも説明できる。この条件を加えて，再度，相関係数を最大化する式の導出を行えばよいことになる。最大である 1 の固有値を除く固有値を大きい順に成分を並び替え，大きい順に成分 1，成分 2，…と表現する。

10.4.3　推定結果の解釈

〔1〕　**寄 与 率**　各成分の重要性を見る尺度として，寄与率が用いられる。寄与率は，ある成分の固有値がすべての固有値の合計に占める割合として，つぎの式で算出できる。

$$\text{成分 } k \text{ の寄与率} = 100 \times \lambda_k^2 / \sum_{j=1}^m \lambda_j^2 \tag{10.17}$$

また，成分 1 から成分 k までの累積寄与率はつぎの式で算出できる。

$$\text{成分 1 から成分 } k \text{ の寄与率} = 100 \times \sum_{j=1}^k \lambda_j^2 / \sum_{j=1}^m \lambda_j^2 \quad (k \leq m) \tag{10.18}$$

〔2〕　**相 関 係 数**　相関係数の最大化問題で制約条件を設定する際に a，b の分散 s_a, s_b が 1 と仮定を置いた。これは同時に固有ベクトルの平方和が 1 という条件を併せ持っている。このことから，λ は共分散 s_{ab} と等しいことが導かれる。また，分散を 1 と置いたことから，相関係数は最大化しようとする分散と等しいことになる。

$$\lambda = s_{ab} = \frac{s_{ab}}{\sqrt{s_a s_b}} = r(\leqq 1) \tag{10.19}$$

〔3〕　**成分（軸）の数**　　主成分分析と同様に，解釈するうえで有効な成分（軸）の数を決定しなければならない。一方，算出することのできる成分の数 k は，1と算出された固有値を除いて考えるので，カテゴリー数は $m-1$ である。成分の決定方法に定説的な方法はないが，参考文献ではつぎの①，②を紹介している。

① 相関係数が 0.5 以上の軸

② 現象の単純化という観点から，6軸以上の軸は使用しない。

〔4〕　**成分（軸）の解釈と類型化**　　主成分分析と同様に，成分（軸）の解釈を行う必要がある。カテゴリーウェイトは，類似したカテゴリーが同じ数字になるように間隔尺度として数量化したものなので，その大小を見比べて解釈を行う。また，異なる成分のカテゴリーウェイトを散布図で表すことで，カテゴリー間の類似性を検討できる。

10.4.4　Excel による数量化理論 III 類の分析手順

式（10.10）のサンプルウェイト a とカテゴリーウェイト b の相関係数を最大化することでそれぞれのウェイトを求めることとする。

〔1〕　**分析データの入力とカテゴリーウェイトの初期値の設定**

① カテゴリー・サンプルウェイト表を**図 10.12** の①のように作成し，それぞれのウェイト（D6:J6,C7:C21）に，1，2，3と昇順で仮のウェイト（初期値）を入力する。

〔2〕　**初期値における平均値，分散，相関係数の算出**（図 10.13）

② B列，C列に行列の組合せを入力する。カテゴリーとサンプルに関して初期値で重み付けられた反応の平均値を求めるために，式（10.11）の $x_i(j)a_i$ に該当する計算を行う。D28 に「=INDEX($D$7:$J$21,B28,C28)*INDEX(C$7:C$21,B28,1)」と入力。また，E28 に「=INDEX($D$7:$J$21,B28,C28)*INDEX(D$6:J$6,1,C28)」と入力。

③ 平均値を求める。ここで反応がないサンプル（=0）は含めないので

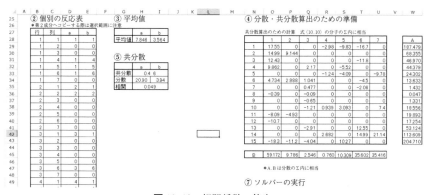

① カテゴリ・サンプルスコア表

サンプル i	カテゴリ a	ai	東南アジア b1 1.000	中央アジア b2 2.000	北米 b3 3.000	中米 b4 4.000	南米 b5 5.000	欧州 b6 6.000	アフリカ b7 7.000	計 gi
1	a1	1.00	1	0	0	1	1	1	0	4
2	a2	2.00	1	1	0	0	0	0	0	2
3	a3	3.00	1	0	0	0	0	1	0	2
4	a4	4.00	1	0	1	0	1	0	0	3
5	a5	5.00	0	0	0	1	1	0	1	3
6	a6	6.00	1	1	1	0	0	1	0	4
7	a7	7.00	0	0	1	0	0	1	0	2
8	a8	8.00	1	0	1	0	0	0	0	2
9	a9	9.00	0	0	1	0	0	0	0	1
10	a10	10.00	0	0	1	1	1	0	1	4
11	a11	11.00	1	1	0	0	0	0	0	2
12	a12	12.00	1	0	0	0	0	0	0	1
13	a13	13.00	0	0	0	0	0	1	0	1
14	a14	14.00	1	0	0	0	0	0	1	3
15	a15	15.00	1	0	1	1	0	1	0	3
計 fj			9	4	8	4	5	6	3	39

⑥ 並び替え

j	ai	1 1.000	2 2.000	3 3.000	4 4.000	5 5.000	6 6.000	7 7.000
15	15.00	1	0	1	1	0	1	0
14	14.00	1	0	0	0	0	0	1
13	13.00	0	0	0	0	0	1	0
12	12.00	1	0	0	0	0	0	0
11	11.00	1	1	0	0	0	0	0
10	10.00	0	0	1	1	1	0	1
9	9.00	0	0	1	0	0	0	0
8	8.00	1	0	1	0	0	0	0
7	7.00	0	0	1	0	0	1	0
6	6.00	1	1	1	0	0	1	0
5	5.00	0	0	0	1	1	0	1
4	4.00	1	0	1	0	1	0	0
3	3.00	1	0	0	0	0	1	0
2	2.00	1	1	0	0	0	0	0
1	1.00	1	0	0	1	1	1	0

図 10.12　カテゴリー・サンプルウェイト表

図 10.13　相関係数の算出

average 関数は用いずに総反応数で割ることで平均値を求める。H28 に「=SUM(D28:D132)/K22」と入力。I28 に「=SUM(E28:E132)/K22」と入力。

　④ 分散・共分散算出のための準備のために，偏差平方を計算する。O29 に「=($C7-$H$28)*(D$6-$I$28)*D7」を入力しコピーする。さらに W29 に「=K7*(C7-H$28)^2」，O45 に「=D22*(D6-$I28)^2」を入力。

　⑤ 分散・共分散・相関係数を求める。H33 に「=SUM(O29:U43)/K22」，H34 に「=SUM(W29:W43)/K22」，I34 に「=SUM(O45:U45)/K22」を入力，H35 に「=H33/SQRT(SUM(W29:W43)/K22*SUM(O45:U45)/K22)」を入力。

　⑥ 相関係数を最大化する前に，カテゴリーウェイトとサンプルウェイトを

昇順・降順に並び替える表を作成する。右肩上がりの表としたいので，カテゴリーウェイトは small 関数を使って昇順に，サンプルウェイトは large 関数を使って降順に並び替える。N7 に「=LARGE（C\$7:C\$21,N29）」，M7 に「=MATCH（N7,C\$7:C\$21,0）」，O6 に「=SMALL（\$D6:\$J6,O28）」，O5 に「=MATCH（O\$6,\$D6:\$J\$6,0）」を入力。つぎに，並び替えた後の i，j を表すセルを作成する。Index 関数を使い，図 10.13 のカテゴリー・サンプルウェイト表で求められたウェイトに該当する行を選択できるようにする。O7 に「=INDEX（\$D\$7:\$J\$21,MATCH（\$N7,\$C\$7:\$C\$21,0），MATCH（O\$6,\$D\$6:\$J\$6,0））」を入力。

〔3〕 ウェイトの推定

⑦ 最後に，式（10.10）に該当する相関係数が 1 に近くなるように最大値を求める。なお，平均値は 0，分散は 1 になるように制約条件を設定し，ウェイトを変動させることとする。ソルバーを起動させ，目的セルに「H35」，変数セルの変更に「D6:J6,C7:C21」，制約条件に「H28=0」，「I28=0」，「H34=1」，「I34=1」とする。

ソルバーを初期値から実行し，再度その結果から実行すると相関係数が 0.787 となり最大値となる。並び替えられた結果の表に対して，反応が 1 であるセルを色付けると下記のようになり，右肩上がりに並び替えられていることがわかる。⑤ の表では，ウェイトの数量の間隔が表現されていないので，反応ある点をそれぞれのウェイトでプロットした図が前出した図 10.11 の「数量化」のグラフである。

〔4〕 固有ベクトルの算出（図 10.14）

⑧ 式（10.18）を用いることでカテゴリーの固有ベクトルを算出することができる。W57 に「=C7*SQRT（K7）」，O69 に「=D6*SQRT（D22）」を入力。

〔5〕 成分 2 の導出（図 10.15）

⑨ これまで算出した成分 1 に対して，成分 2 を求めることとする。まず，その準備のために A 列から W 列までを選択・コピーして，Y 列に張り付ける。一部の数式の参照が成分 1 を参照したままなので，成分 2 の該当箇所に変更する必要がある。

図 10.14　固有ベクトルの算出

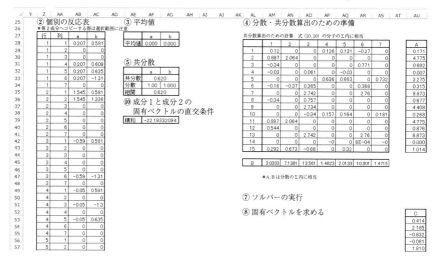

図 10.15　直交条件を付与

⑩ 式 (10.15) において説明したが成分 1 と成分 2 の固有ベクトルは直交しているので，その条件を加える。AF39 に「=SUMPRODUCT(O69:U69,AM69:AS69)」と入力。

⑪ 成分 2 に関する相関係数が最大となるようにソルバーを用いて解くことにする。⑦ の条件を成分 2 に適宜変更し，加えて，「AF39=0」を制約条件に加える。

10.4.5　結 果 の 解 釈

カテゴリー数より一つ少ない第 6 成分まで算出することができるので，その結果を表 10.10 に取りまとめた。解釈すべき成分の個数であるが，10.3.3 項

表 10.10 例題の推定結果

成分(軸)	固有値	寄与率〔%〕	累積寄与率〔%〕	相関係数
1	0.618 6	40.0	40.0	0.786 5
2	0.384 5	24.9	64.9	0.620 1
3	0.267 8	17.3	82.2	0.517 5
4	0.167 6	10.8	93.0	0.409 4
5	0.088 3	5.7	98.8	0.297 2
6	0.019 2	1.2	100.0	0.138 4

を参考に相関係数を確かめると，成分 3 まで選択して解釈することができる。
ここでは紙面上の都合で成分 2 までを解釈することとした。

カテゴリーウェイト（**図 10.16**）とサンプルウェイト（**図 10.17**）の散布図
を作成した。カテゴリーウェイトの図を解釈すると，成分 1 はアジアと中南
米・アフリカの地域的な赴任傾向を示す軸と解釈でき，成分 2 は先進国−開発
途上国を示す軸と解釈できる。さらにサンプルウェイトの図において，それぞ
れのサンプルが解釈した成分上，どこに位置しているかを考察することができ
る。また，主成分分析からクラスター分析のように，数量化理論 III 類のサン
プルウェイトを用いてクラスター分析でグループ分けしている例も見ることが
できる。このように数量化理論 III 類は，数量化できない質的変数を数量化し
て，サンプルの特性を把握することができる多変量解析である。

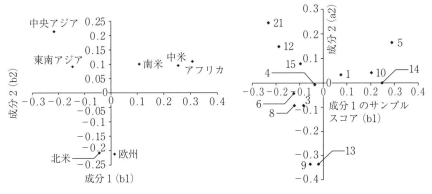

図 10.16 カテゴリーウェイト　　　図 10.17 サンプルウェイト

演 習 問 題

【1】 あるクルーズ船社では，年間 14 回のクルーズ観光ツアーを実施している。ク
ルーズ観光ツアーの参加者数は，季節と人気観光地への寄港の有無に影響を受ける
ものと考えられている（特に長崎港への寄港の人気が高い）。各クルーズツアーに
関する**表 10.11** の情報を用いて，クルーズ観光ツアー参加者数を説明するモデル
を構築し，「季節」と「長崎港への寄港有無」がクルーズツアー参加者数に与える
影響を分析せよ。

表 10.11

アイテム	季節			長崎港への寄港		クルーズツアー
カテゴリー	春	夏	冬	有	無	参加者数
1	0	1	0	1	0	1 424
2	1	0	0	1	0	1 201
3	1	0	0	0	1	1 072
4	0	0	1	0	1	834
5	1	0	0	0	1	785
6	0	1	0	1	0	1 523
7	0	0	1	1	0	1 045
8	0	1	0	1	0	1 419
9	1	0	0	0	1	984
10	0	0	1	0	1	742
11	0	1	0	1	0	1 632
12	1	0	0	0	1	925
13	1	0	0	1	0	1 129
14	0	1	0	1	0	1 353

【2】 ある調査会社は 18 人を対象にクルーズ船利用意向について調査し，被験者の年
代と年収の情報（**表 10.12**）を得た。これらの情報を用いてクルーズ客船利用意向
を説明するモデルを構築し，「年代」と「年収」がクルーズ船利用意向に与える影
響を分析せよ。

【3】 開発途上国において首都をはじめとした大都市圏では，国際競争力の強化，交
通・生活環境の改善の観点から，各施策に関してそれぞれの都市の特性を踏まえて
重点化し，改善を進めている。各都市で重点化している施策を 1，重点化していな
い施策を 0 として表すと**表 10.13** のとおりになる。数量化理論 III 類を用いて分析
せよ。

表10.12

アイテム	年代			年収		クルーズ船利用意向
	20～30代	40～50代	60代以上	1000万円未満	1000万円以上	
1	1	0	0	1	0	無
2	0	1	0	1	0	無
3	0	1	0	0	1	有
4	0	0	1	1	0	有
5	0	0	1	0	1	有
6	0	1	0	1	0	無
7	0	0	1	0	1	有
8	0	0	1	0	1	有
9	0	1	0	0	1	有
10	1	0	0	1	0	無
11	0	1	0	0	1	有
12	1	0	0	1	0	無
13	0	1	0	1	0	無
14	0	1	0	0	1	有
15	1	0	0	0	1	無
16	0	1	0	1	0	無
17	0	0	1	1	0	無
18	0	0	1	0	1	有

表10.13

都市	都市高速道路網の整備	環状道路の整備	大規模空港の整備	空港アクセス鉄道の有無	都市鉄道の整備	都市間高速鉄道の整備	港湾の整備	副都心の整備	TODの実施
1	0	1	1	1	0	0	1	0	0
2	1	0	1	1	1	1	1	1	1
3	1	0	0	1	1	1	0	0	0
4	0	0	0	0	1	0	0	1	0
5	0	0	1	0	0	0	0	0	0
6	0	0	1	0	1	0	1	1	0
7	1	1	1	1	0	0	0	0	0
8	1	0	1	1	1	0	0	1	0
9	1	1	1	1	1	1	0	1	1
10	1	1	1	1	1	1	0	1	1
11	1	1	0	0	0	0	0	0	0
12	1	1	0	0	1	0	0	0	0

付　　　録

付表1　標準正規分布

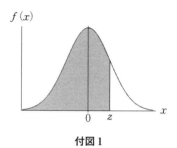

付図1

付表1　標準正規分布

z	.00	.01	.02	.03	.04	.05	.06	.07	.08	.09
0.0	0.5000	0.5040	0.5080	0.5120	0.5160	0.5199	0.5239	0.5279	0.5319	0.5359
0.1	0.5398	0.5438	0.5478	0.5517	0.5557	0.5596	0.5636	0.5675	0.5714	0.5753
0.2	0.5793	0.5832	0.5871	0.5910	0.5948	0.5987	0.6026	0.6064	0.6103	0.6141
0.3	0.6179	0.6217	0.6255	0.6293	0.6331	0.6368	0.6406	0.6443	0.6480	0.6517
0.4	0.6554	0.6591	0.6628	0.6664	0.6700	0.6736	0.6772	0.6808	0.6844	0.6879
0.5	0.6915	0.6950	0.6985	0.7019	0.7054	0.7088	0.7123	0.7157	0.7190	0.7224
0.6	0.7257	0.7291	0.7324	0.7357	0.7389	0.7422	0.7454	0.7486	0.7517	0.7549
0.7	0.7580	0.7611	0.7642	0.7673	0.7704	0.7734	0.7764	0.7794	0.7823	0.7852
0.8	0.7881	0.7910	0.7939	0.7967	0.7995	0.8023	0.8051	0.8078	0.8106	0.8133
0.9	0.8159	0.8186	0.8212	0.8238	0.8264	0.8289	0.8315	0.8340	0.8365	0.8389
1.0	0.8413	0.8438	0.8461	0.8485	0.8508	0.8531	0.8554	0.8577	0.8599	0.8621
1.1	0.8643	0.8665	0.8686	0.8708	0.8729	0.8749	0.8770	0.8790	0.8810	0.8830
1.2	0.8849	0.8869	0.8888	0.8907	0.8925	0.8944	0.8962	0.8980	0.8997	0.9015
1.3	0.9032	0.9049	0.9066	0.9082	0.9099	0.9115	0.9131	0.9147	0.9162	0.9177
1.4	0.9192	0.9207	0.9222	0.9236	0.9251	0.9265	0.9279	0.9292	0.9306	0.9319
1.5	0.9332	0.9345	0.9357	0.9370	0.9382	0.9394	0.9406	0.9418	0.9429	0.9441
1.6	0.9452	0.9463	0.9474	0.9484	0.9495	0.9505	0.9515	0.9525	0.9535	0.9545
1.7	0.9554	0.9564	0.9573	0.9582	0.9591	0.9599	0.9608	0.9616	0.9625	0.9633
1.8	0.9641	0.9649	0.9656	0.9664	0.9671	0.9678	0.9686	0.9693	0.9699	0.9706
1.9	0.9713	0.9719	0.9726	0.9732	0.9738	0.9744	0.9750	0.9756	0.9761	0.9767
2.0	0.9772	0.9778	0.9783	0.9788	0.9793	0.9798	0.9803	0.9808	0.9812	0.9817
2.1	0.9821	0.9826	0.9830	0.9834	0.9838	0.9842	0.9846	0.9850	0.9854	0.9857
2.2	0.9861	0.9864	0.9868	0.9871	0.9875	0.9878	0.9881	0.9884	0.9887	0.9890
2.3	0.9893	0.9896	0.9898	0.9901	0.9904	0.9906	0.9909	0.9911	0.9913	0.9916
2.4	0.9918	0.9920	0.9922	0.9925	0.9927	0.9929	0.9931	0.9932	0.9934	0.9936
2.5	0.9938	0.9940	0.9941	0.9943	0.9945	0.9946	0.9948	0.9949	0.9951	0.9952
2.6	0.9953	0.9955	0.9956	0.9957	0.9959	0.9960	0.9961	0.9962	0.9963	0.9964
2.7	0.9965	0.9966	0.9967	0.9968	0.9969	0.9970	0.9971	0.9972	0.9973	0.9974
2.8	0.9974	0.9975	0.9976	0.9977	0.9977	0.9978	0.9979	0.9979	0.9980	0.9981
2.9	0.9981	0.9982	0.9982	0.9983	0.9984	0.9984	0.9985	0.9985	0.9986	0.9986
3.0	0.9987	0.9987	0.9987	0.9988	0.9988	0.9989	0.9989	0.9989	0.9990	0.9990

付表 2　χ^2 分布

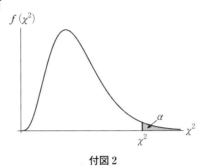

付図 2

付表 2　χ^2 分布

df＼α	0.995	0.990	0.975	0.950	0.050	0.025	0.010	0.005
1	0.0000	0.0002	0.0010	0.0039	3.841	5.024	6.635	7.879
2	0.0100	0.0201	0.0506	0.1026	5.991	7.378	9.210	10.597
3	0.0717	0.1148	0.2158	0.3518	7.815	9.348	11.345	12.838
4	0.2070	0.2971	0.4844	0.7107	9.488	11.143	13.277	14.860
5	0.4117	0.5543	0.8312	1.145	11.070	12.833	15.086	16.750
6	0.6757	0.8721	1.237	1.635	12.592	14.449	16.812	18.548
7	0.9893	1.239	1.690	2.167	14.067	16.013	18.475	20.278
8	1.344	1.646	2.180	2.733	15.507	17.535	20.090	21.955
9	1.735	2.088	2.700	3.325	16.919	19.023	21.666	23.589
10	2.156	2.558	3.247	3.940	18.307	20.483	23.209	25.188
11	2.603	3.053	3.816	4.575	19.675	21.920	24.725	26.757
12	3.074	3.571	4.404	5.226	21.026	23.337	26.217	28.300
14	4.075	4.660	5.629	6.571	23.685	26.119	29.141	31.319
16	5.142	5.812	6.908	7.962	26.296	28.845	32.000	34.267
18	6.265	7.015	8.231	9.390	28.869	31.526	34.805	37.156
20	7.434	8.260	9.591	10.851	31.410	34.170	37.566	39.997
25	10.520	11.524	13.120	14.611	37.652	40.646	44.314	46.928
30	13.787	14.953	16.791	18.493	43.773	46.979	50.892	53.672
40	20.707	22.164	24.433	26.509	55.758	59.342	63.691	66.766
50	27.991	29.707	32.357	34.764	67.505	71.420	76.154	79.490
60	35.534	37.485	40.482	43.188	79.082	83.298	88.379	91.952
70	43.275	45.442	48.758	51.739	90.531	95.023	100.43	104.21
80	51.172	53.540	57.153	60.391	101.88	106.63	112.33	116.32
90	59.196	61.754	65.647	69.126	113.15	118.14	124.12	128.30
100	67.328	70.065	74.222	77.929	124.34	129.56	135.81	140.17
120	83.852	86.923	91.573	95.705	146.57	152.21	158.95	163.65
140	100.65	104.03	109.14	113.66	168.61	174.65	181.84	186.85
160	117.68	121.35	126.87	131.76	190.52	196.92	204.53	209.82
180	134.88	138.82	144.74	149.97	212.30	219.04	227.06	232.62
200	152.24	156.43	162.73	168.28	233.99	241.06	249.45	255.26

付表3 t分布

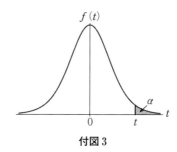

付図3

付表3　t分布

df＼α	0.250	0.100	0.050	0.025	0.010	0.005	0.0005
1	1.0000	3.078	6.314	12.706	31.821	63.657	636.619
2	0.8165	1.886	2.920	4.303	6.965	9.925	31.599
3	0.7649	1.638	2.353	3.182	4.541	5.841	12.924
4	0.7407	1.533	2.132	2.776	3.747	4.604	8.610
5	0.7267	1.476	2.015	2.571	3.365	4.032	6.869
6	0.7176	1.440	1.943	2.447	3.143	3.707	5.959
7	0.7111	1.415	1.895	2.365	2.998	3.499	5.408
8	0.7064	1.397	1.860	2.306	2.896	3.355	5.041
9	0.7027	1.383	1.833	2.262	2.821	3.250	4.781
10	0.6998	1.372	1.812	2.228	2.764	3.169	4.587
11	0.6974	1.363	1.796	2.201	2.718	3.106	4.437
12	0.6955	1.356	1.782	2.179	2.681	3.055	4.318
13	0.6938	1.350	1.771	2.160	2.650	3.012	4.221
14	0.6924	1.345	1.761	2.145	2.624	2.977	4.140
15	0.6912	1.341	1.753	2.131	2.602	2.947	4.073
16	0.6901	1.337	1.746	2.120	2.583	2.921	4.015
17	0.6892	1.333	1.740	2.110	2.567	2.898	3.965
18	0.6884	1.330	1.734	2.101	2.552	2.878	3.922
19	0.6876	1.328	1.729	2.093	2.539	2.861	3.883
20	0.6870	1.325	1.725	2.086	2.528	2.845	3.850
22	0.6858	1.321	1.717	2.074	2.508	2.819	3.792
24	0.6848	1.318	1.711	2.064	2.492	2.797	3.745
26	0.6840	1.315	1.706	2.056	2.479	2.779	3.707
28	0.6834	1.313	1.701	2.048	2.467	2.763	3.674
30	0.6828	1.310	1.697	2.042	2.457	2.750	3.646
40	0.6807	1.303	1.684	2.021	2.423	2.704	3.551
50	0.6794	1.299	1.676	2.009	2.403	2.678	3.496
60	0.6786	1.296	1.671	2.000	2.390	2.660	3.460
120	0.6765	1.289	1.658	1.980	2.358	2.617	3.373
∞	0.6745	1.282	1.645	1.960	2.326	2.576	3.291

付表 4.1　F分布　$(\alpha = 0.05)$

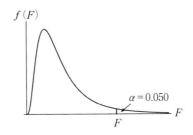

付図 4.1

付表 4.1　F分布　$(\alpha = 0.05)$

n\m	1	2	3	4	5	6	7	8	9
1	161.45	199.50	215.71	224.58	230.16	233.99	236.77	238.88	240.54
2	18.513	19.000	19.164	19.247	19.296	19.330	19.353	19.371	19.385
3	10.128	9.552	9.277	9.117	9.013	8.941	8.887	8.845	8.812
4	7.709	6.944	6.591	6.388	6.256	6.163	6.094	6.041	5.999
5	6.608	5.786	5.409	5.192	5.050	4.950	4.876	4.818	4.772
6	5.987	5.143	4.757	4.534	4.387	4.284	4.207	4.147	4.099
7	5.591	4.737	4.347	4.120	3.972	3.866	3.787	3.726	3.677
8	5.318	4.459	4.066	3.838	3.687	3.581	3.500	3.438	3.388
9	5.117	4.256	3.863	3.633	3.482	3.374	3.293	3.230	3.179
10	4.965	4.103	3.708	3.478	3.326	3.217	3.135	3.072	3.020
11	4.844	3.982	3.587	3.357	3.204	3.095	3.012	2.948	2.896
12	4.747	3.885	3.490	3.259	3.106	2.996	2.913	2.849	2.796
16	4.494	3.634	3.239	3.007	2.852	2.741	2.657	2.591	2.538
20	4.351	3.493	3.098	2.866	2.711	2.599	2.514	2.447	2.393
30	4.171	3.316	2.922	2.690	2.534	2.421	2.334	2.266	2.211
40	4.085	3.232	2.839	2.606	2.449	2.336	2.249	2.180	2.124
50	4.034	3.183	2.790	2.557	2.400	2.286	2.199	2.130	2.073
60	4.001	3.150	2.758	2.525	2.368	2.254	2.167	2.097	2.040

n\m	10	11	12	16	20	30	40	50	60
1	241.88	242.98	243.91	246.46	248.01	250.10	251.14	251.77	252.20
2	19.386	19.405	19.413	19.433	19.446	19.462	19.471	19.476	19.479
3	8.786	8.763	8.745	8.692	8.660	8.617	8.594	8.581	8.572
4	5.964	5.936	5.912	5.844	5.803	5.746	5.717	5.699	5.688
5	4.735	4.704	4.678	4.604	4.558	4.496	4.464	4.444	4.431
6	4.060	4.027	4.000	3.922	3.874	3.808	3.774	3.754	3.740
7	3.637	3.603	3.575	3.494	3.445	3.376	3.340	3.319	3.304
8	3.347	3.313	3.284	3.202	3.150	3.079	3.043	3.020	3.005
9	3.137	3.102	3.073	2.989	2.936	2.864	2.826	2.803	2.787
10	2.978	2.943	2.913	2.828	2.774	2.700	2.661	2.637	2.621
11	2.854	2.818	2.788	2.701	2.646	2.570	2.531	2.507	2.490
12	2.753	2.717	2.687	2.599	2.544	2.466	2.426	2.401	2.384
16	2.494	2.456	2.425	2.333	2.276	2.194	2.151	2.124	2.106
20	2.348	2.310	2.278	2.184	2.124	2.039	1.994	1.966	1.946
30	2.165	2.126	2.092	1.995	1.932	1.841	1.792	1.761	1.740
40	2.077	2.038	2.003	1.904	1.839	1.744	1.693	1.660	1.637
50	2.026	1.986	1.952	1.850	1.784	1.687	1.634	1.599	1.576
60	1.993	1.952	1.917	1.815	1.748	1.649	1.594	1.559	1.534

付表4.2 *F*分布 $(\alpha = 0.025)$

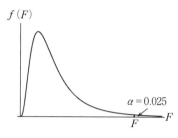

$f(F)$

$\alpha = 0.025$

F

付図4.2

付表4.2 *F*分布 $(\alpha = 0.025)$

n＼m	1	2	3	4	5	6	7	8	9
1	647.79	799.50	864.16	899.58	921.85	937.11	948.22	956.66	963.28
2	38.506	39.000	39.165	39.248	39.298	39.331	39.355	39.373	39.387
3	17.443	16.044	15.439	15.101	14.885	14.735	14.624	14.540	14.473
4	12.218	10.649	9.979	9.605	9.364	9.197	9.074	8.980	8.905
5	10.007	8.434	7.764	7.388	7.146	6.978	6.853	6.757	6.681
6	8.813	7.260	6.599	6.227	5.988	5.820	5.695	5.600	5.523
7	8.073	6.542	5.890	5.523	5.285	5.119	4.995	4.899	4.823
8	7.571	6.059	5.416	5.053	4.817	4.652	4.529	4.433	4.357
9	7.209	5.715	5.078	4.718	4.484	4.320	4.197	4.102	4.026
10	6.937	5.456	4.826	4.468	4.236	4.072	3.950	3.855	3.779
11	6.724	5.256	4.630	4.275	4.044	3.881	3.759	3.664	3.588
12	6.554	5.096	4.474	4.121	3.891	3.728	3.607	3.512	3.436
16	6.115	4.687	4.077	3.729	3.502	3.341	3.219	3.125	3.049
20	5.871	4.461	3.859	3.515	3.289	3.128	3.007	2.913	2.837
30	5.568	4.182	3.589	3.250	3.026	2.867	2.764	2.651	2.575
40	5.424	4.051	3.463	3.126	2.904	2.744	2.624	2.529	2.452
50	5.340	3.975	3.390	3.054	2.833	2.674	2.553	2.458	2.381
60	5.286	3.925	3.343	3.008	2.786	2.627	2.507	2.412	2.334

n＼m	10	11	12	16	20	30	40	50	60
1	968.63	973.03	976.71	986.92	993.10	1001.4	1005.6	1008.1	1009.8
2	39.398	39.407	39.415	39.435	39.448	39.465	39.473	39.478	39.481
3	14.419	14.374	14.337	14.232	14.167	14.081	14.037	14.010	13.992
4	8.844	8.794	8.751	8.633	8.560	8.461	8.411	8.381	8.360
5	6.619	6.568	6.525	6.403	6.329	6.227	6.175	6.144	6.123
6	5.461	5.410	5.366	5.244	5.168	5.065	5.012	4.980	4.959
7	4.761	4.709	4.666	4.543	4.467	4.362	4.309	4.276	4.254
8	4.295	4.243	4.200	4.076	3.999	3.894	3.840	3.807	3.784
9	3.964	3.912	3.868	3.744	3.667	3.560	3.505	3.472	3.449
10	3.717	3.665	3.621	3.496	3.419	3.311	3.255	3.221	3.198
11	3.526	3.474	3.430	3.304	3.226	3.118	3.061	3.027	3.004
12	3.374	3.321	3.277	3.152	3.073	2.963	2.906	2.871	2.848
16	2.986	2.934	2.889	2.761	2.681	2.568	2.509	2.472	2.447
20	2.774	2.721	2.676	2.547	2.464	2.349	2.287	2.249	2.223
30	2.511	2.458	2.412	2.280	2.195	2.074	2.009	1.968	1.940
40	2.388	2.334	2.288	2.154	2.068	1.943	1.875	1.832	1.803
50	2.317	2.263	2.216	2.081	1.993	1.866	1.796	1.752	1.721
60	2.270	2.216	2.169	2.033	1.944	1.815	1.744	1.699	1.667

付表 4.3　F 分布 （α = 0.010）

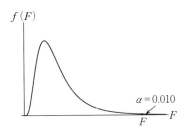

付図 4.3

付表 4.3　F 分布 （α = 0.010）

m n	1	2	3	4	5	6	7	8	9
1	4052.2	4999.5	5403.4	5624.6	5763.6	5859.0	5928.4	5981.1	6022.5
2	98.503	99.000	99.166	99.249	99.299	99.333	99.356	99.374	99.388
3	34.116	30.817	29.457	28.710	28.237	27.911	27.672	27.489	27.345
4	21.198	18.000	16.694	15.977	15.522	15.207	14.976	14.799	14.659
5	16.258	13.274	12.060	11.392	10.967	10.672	10.456	10.289	10.158
6	13.745	10.925	9.780	9.148	8.746	8.466	8.260	8.102	7.976
7	12.246	9.547	8.451	7.847	7.460	7.191	6.993	6.840	6.719
8	11.259	8.649	7.591	7.006	6.632	6.371	6.178	6.029	5.911
9	10.561	8.022	6.992	6.422	6.057	5.802	5.613	5.467	5.351
10	10.044	7.559	6.552	5.994	5.636	5.386	5.200	5.057	4.942
11	9.646	7.206	6.217	5.668	5.316	5.069	4.886	4.744	4.632
12	9.330	6.927	5.953	5.412	5.064	4.821	4.640	4.499	4.388
16	8.531	6.226	5.292	4.773	4.437	4.202	4.026	3.890	3.780
20	8.096	5.849	4.938	4.431	4.103	3.871	3.699	3.564	3.457
30	7.562	5.390	4.510	4.018	3.699	3.473	3.304	3.173	3.067
40	7.314	5.179	4.313	3.828	3.514	3.291	3.124	2.993	2.888
50	7.171	5.057	4.199	3.720	3.408	3.186	3.020	2.890	2.785
60	7.077	4.977	4.126	3.649	3.339	3.119	2.953	2.823	2.718

m n	10	11	12	16	20	30	40	50	60
1	6055.8	6083.3	6106.3	6170.1	6208.7	6260.6	6286.8	6302.5	6313.0
2	99.399	99.408	99.416	99.437	99.449	99.466	99.474	99.479	99.482
3	27.229	27.133	27.052	26.827	26.690	26.505	26.411	26.354	26.316
4	14.546	14.452	14.374	14.154	14.020	13.838	13.745	13.690	13.652
5	10.051	9.963	9.888	9.680	9.553	9.379	9.291	9.238	9.202
6	7.874	7.790	7.718	7.519	7.396	7.229	7.143	7.091	7.057
7	6.620	6.538	6.469	6.275	6.155	5.992	5.908	5.858	5.824
8	5.814	5.734	5.667	5.477	5.359	5.198	5.116	5.065	5.032
9	5.257	5.178	5.111	4.924	4.808	4.649	4.567	4.517	4.483
10	4.849	4.772	4.706	4.520	4.405	4.247	4.165	4.115	4.082
11	4.539	4.462	4.397	4.213	4.099	3.941	3.860	3.810	3.776
12	4.296	4.220	4.155	3.972	3.858	3.701	3.619	3.569	3.535
16	3.691	3.616	3.553	3.372	3.259	3.101	3.018	2.967	2.933
20	3.368	3.294	3.231	3.051	2.938	2.778	2.695	2.643	2.608
30	2.979	2.906	2.843	2.663	2.549	2.386	2.299	2.245	2.208
40	2.801	2.727	2.665	2.484	2.369	2.203	2.114	2.058	2.019
50	2.698	2.625	2.562	2.382	2.265	2.098	2.007	1.949	1.909
60	2.632	2.559	2.496	2.315	2.198	2.028	1.936	1.877	1.836

付表4.4 F分布 (α = 0.005)

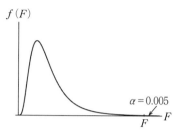

f(F)

α = 0.005

F

付図4.4

付表4.4 F分布 (α = 0.005)

n＼m	1	2	3	4	5	6	7	8	9
1	16211	20000	21615	22500	23056	23437	23715	23925	24091
2	198.50	199.00	199.17	199.25	199.30	199.33	199.36	199.37	199.39
3	55.552	49.799	47.467	46.195	45.392	44.838	44.434	44.126	43.882
4	31.333	26.284	24.259	23.155	22.456	21.975	21.622	21.352	21.139
5	22.785	18.314	16.530	15.556	14.940	14.513	14.200	13.961	13.772
6	18.635	14.544	12.917	12.028	11.464	11.073	10.786	10.566	10.391
7	16.236	12.404	10.882	10.050	9.522	9.155	8.885	8.678	8.514
8	14.688	11.042	9.596	8.805	8.302	7.952	7.694	7.496	7.339
9	13.614	10.107	8.717	7.956	7.471	7.134	6.885	6.693	6.541
10	12.826	9.427	8.081	7.343	6.872	6.545	6.302	6.116	5.968
11	12.226	8.912	7.600	6.881	6.422	6.102	5.865	5.682	5.537
12	11.754	8.510	7.226	6.521	6.071	5.757	5.525	5.345	5.202
16	10.575	7.514	6.303	5.638	5.212	4.913	4.692	4.521	4.384
20	9.944	6.986	5.818	5.174	4.762	4.472	4.257	4.090	3.956
30	9.180	6.355	5.239	4.623	4.228	3.949	3.742	3.580	3.450
40	8.828	6.066	4.976	4.374	3.986	3.713	3.509	3.350	3.222
50	8.626	5.902	4.826	4.232	3.849	3.579	3.376	3.219	3.092
60	8.495	5.795	4.729	4.140	3.760	3.492	3.291	3.134	3.008

n＼m	10	11	12	16	20	30	40	50	60
1	24224	24334	24426	24681	24836	25044	25148	25211	25253
2	199.40	199.41	199.42	199.44	199.45	199.47	199.47	199.48	199.48
3	43.686	43.524	43.387	43.008	42.778	42.466	42.308	42.213	42.149
4	20.967	20.824	20.705	20.371	20.167	19.892	19.752	19.667	19.611
5	13.618	13.491	13.384	13.086	12.903	12.656	12.530	12.454	12.402
6	10.250	10.133	10.034	9.758	9.589	9.358	9.241	9.170	9.122
7	8.380	8.270	8.176	7.915	7.754	7.534	7.422	7.354	7.309
8	7.211	7.104	7.015	6.763	6.608	6.396	6.288	6.222	6.177
9	6.417	6.314	6.227	5.983	5.832	5.625	5.519	5.454	5.410
10	5.847	5.746	5.661	5.422	5.274	5.071	4.966	4.902	4.859
11	5.418	5.320	5.236	5.001	4.855	4.654	4.551	4.488	4.445
12	5.085	4.988	4.906	4.674	4.530	4.331	4.228	4.165	4.123
16	4.272	4.179	4.099	3.875	3.734	3.539	3.437	3.375	3.332
20	3.847	3.756	3.678	3.457	3.318	3.123	3.022	2.959	2.916
30	3.344	3.255	3.179	2.961	2.823	2.628	2.524	2.459	2.415
40	3.117	3.028	2.953	2.737	2.598	2.401	2.296	2.230	2.184
50	2.988	2.900	2.825	2.609	2.470	2.272	2.164	2.097	2.050
60	2.904	2.817	2.742	2.526	2.387	2.187	2.079	2.010	1.962

付表 5　スチューデント化された範囲の q 分布表

（群数 k，誤差自由度 ν の限界値，上側確率 5 ％），Turkey-Kramer 検定には $\sqrt{2}$ で割った値を使う。

ν \ k	2	3	4	5	6	7	8	9
2	6.085	8.331	9.798	10.881	11.734	12.434	13.027	13.538
3	4.501	5.910	6.825	7.502	8.037	8.478	8.852	9.177
4	3.927	5.040	5.757	6.287	6.706	7.053	7.347	7.602
5	3.635	4.602	5.218	5.673	6.033	6.330	6.582	6.801
6	3.460	4.339	4.896	5.305	5.629	5.895	6.122	6.319
7	3.344	4.165	4.681	5.060	5.359	5.605	5.814	5.995
8	3.261	4.041	4.529	4.886	5.167	5.399	5.596	5.766
9	3.199	3.948	4.415	4.755	5.023	5.244	5.432	5.594
10	3.151	3.877	4.327	4.654	4.912	5.124	5.304	5.460
11	3.113	3.820	4.256	4.574	4.823	5.028	5.202	5.353
12	3.081	3.773	4.199	4.508	4.750	4.949	5.118	5.265
13	3.055	3.734	4.151	4.453	4.690	4.884	5.049	5.192
14	3.033	3.701	4.111	4.407	4.639	4.829	4.990	5.130
15	3.014	3.673	4.076	4.367	4.595	4.782	4.940	5.077
16	2.998	3.649	4.046	4.333	4.557	4.741	4.896	5.031
17	2.984	3.628	4.020	4.303	4.524	4.705	4.858	4.991
18	2.971	3.609	3.997	4.276	4.494	4.673	4.824	4.955
19	2.960	3.593	3.977	4.253	4.468	4.645	4.794	4.924
20	2.950	3.578	3.958	4.232	4.445	4.620	4.768	4.895
21	2.941	3.565	3.942	4.213	4.424	4.597	4.743	4.870
22	2.933	3.553	3.927	4.196	4.405	4.577	4.722	4.847
23	2.926	3.542	3.914	4.180	4.388	4.558	4.702	4.826
24	2.919	3.532	3.901	4.166	4.373	4.541	4.684	4.807
25	2.913	3.523	3.890	4.153	4.358	4.526	4.667	4.789
26	2.907	3.514	3.880	4.141	4.345	4.511	4.652	4.773
27	2.902	3.506	3.870	4.130	4.333	4.498	4.638	4.758
28	2.897	3.499	3.861	4.120	4.322	4.486	4.625	4.745
29	2.892	3.493	3.853	4.111	4.311	4.475	4.613	4.732
30	2.888	3.487	3.845	4.102	4.301	4.464	4.601	4.720
31	2.884	3.481	3.838	4.094	4.292	4.454	4.591	4.709
32	2.881	3.475	3.832	4.086	4.284	4.445	4.581	4.698
33	2.877	3.470	3.825	4.079	4.276	4.436	4.572	4.689
34	2.874	3.465	3.820	4.072	4.268	4.428	4.563	4.680
35	2.871	3.461	3.814	4.066	4.261	4.421	4.555	4.671
36	2.868	3.457	3.809	4.060	4.255	4.414	4.547	4.663
37	2.865	3.453	3.804	4.054	4.249	4.407	4.540	4.655
38	2.863	3.449	3.799	4.049	4.243	4.400	4.533	4.648
39	2.861	3.445	3.795	4.044	4.237	4.394	4.527	4.641
40	2.858	3.442	3.791	4.039	4.232	4.388	4.521	4.634
41	2.856	3.439	3.787	4.035	4.227	4.383	4.515	4.628
42	2.854	3.436	3.783	4.030	4.222	4.378	4.509	4.622
43	2.852	3.433	3.779	4.026	4.217	4.373	4.504	4.617
44	2.850	3.430	3.776	4.022	4.213	4.368	4.499	4.611
45	2.848	3.428	3.773	4.018	4.209	4.364	4.494	4.606
46	2.847	3.425	3.770	4.015	4.205	4.359	4.489	4.601
47	2.845	3.423	3.767	4.011	4.201	4.355	4.485	4.597
48	2.844	3.420	3.764	4.008	4.197	4.351	4.481	4.592
49	2.842	3.418	3.761	4.005	4.194	4.347	4.477	4.588
50	2.841	3.416	3.758	4.002	4.190	4.344	4.473	4.584
60	2.829	3.399	3.737	3.977	4.163	4.314	4.441	4.550
80	2.814	3.377	3.711	3.947	4.129	4.278	4.402	4.509
100	2.806	3.365	3.695	3.929	4.109	4.256	4.379	4.484
120	2.800	3.356	3.685	3.917	4.096	4.241	4.363	4.468
240	2.786	3.335	3.659	3.887	4.063	4.205	4.324	4.427
360	2.781	3.328	3.650	3.877	4.052	4.193	4.312	4.413
∞	2.772	3.314	3.633	3.858	4.030	4.170	4.286	4.387

引用・参考文献

本書の執筆にあたっては，全体を通して以下の文献を参考にしている。

- 轟 朝幸，金子雄一郎，大沢昌玄，長谷部寛，小沼 晋，川﨑智也：土木・交通工学のための統計学 —基礎と演習—，コロナ社（2015）
- 竹内光悦，酒折文武：Excel で学ぶ理論と技術 多変量解析入門，ソフトバンククリエイティブ（2006）
- 五十嵐日出夫，山村悦夫，山形耕一，高桑哲男，斎藤和夫，塩田 衍：土木計画数理，朝倉書店（1976）
- 日本建築学会：建築・都市計画のための調査・分析方法，井上書院（2012）
- 涌井良幸，涌井貞美：初歩からしっかり学ぶ 実習 多変量解析入門 —Excel 演習でムリなくわかる—，技術評論社（2011）
- 涌井良幸，涌井貞美：多変量解析がわかる，技術評論社（2011）
- 田中 豊，脇本和昌：多変量統計解析法，現代数学社（1983）
- 石村貞夫，石村光資郎：入門はじめての多変量解析，東京図書（2007）
- 岸 学，吉田裕明：ツールとしての統計分析，オーム社（2010）
- 栗原伸一：入門 統計学 —検定から多変量解析・実験計画法まで—，オーム社（2011）
- 菅 民郎：初心者がらくらく読める—多変量解析の実践〈上〉，現代数学社（1993）

〔2章〕
1）Ang, A. H-S., Tang, W. H. 著，伊藤 學，亀田弘行 監訳，飯島暢呂，阿部雅人 訳：改訂 土木・建築のための確率・統計の基礎，丸善出版（2007）
2）宮川公男：基本統計学，有斐閣（1999）

〔3章〕
1）石村貞夫，石村光資郎：入門はじめての分散分析と多重比較，東京図書（2008）
2）三輪哲久：実験計画法と分散分析，朝倉書店（2015）
3）森 敏昭，吉田寿夫 編著：心理学のためのデータ解析テクニカルブック，北大路書房（1990）

〔4章〕
1）竹内光悦，酒折文武，宿久 洋：実践ワークショップ Excel 徹底活用統計データ分析基礎編，秀和システム（2008）

〔5章〕
1）丹後俊郎，山岡和枝，高木晴良：ロジスティック回帰分析：SAS を利用した統計解析の実際，朝倉書店（2013）
2）David G. Kleinbaum, Mitchel Klein 著，神田英一郎 監訳：初心者のためのロジスティック回帰分析入門，丸善出版（2012）

〔**6章**〕

1）石村貞夫，石村光資郎：入門はじめての多変量解析，東京図書（2007）

2）田中 豊，脇本和昌：多変量統計解析法，現代数学社（1983）

3）足立浩平：多変量データ解析法 心理・教育・社会系のための入門，ナカニシヤ出版（2006）

〔**7章**〕

1）田中 豊，脇本和昌：多変量統計解析法，現代数学社（1983）

2）石井一郎，湯沢 昭 編著，村井貞規，上浦正樹，折田仁典，亀野辰三，熊野 稔 著：計画数理 ―土木計画のための統計解析入門―，森北出版（2000）

3）樗木 武，田村洋一，清田 勝，外井哲志，河野雅也，吉武哲信：演習 土木計画数学，森北出版（1999）

4）飯田恭敬，岡田憲夫 編著：土木計画システム分析 現象解析編，森北出版（1992）

5）吉川和宏 編著，木俣 昇，春名 攻，田坂隆一郎，萩原良巳，岡田憲夫，山本幸司，小林潔司，渡辺晴彦：土木計画学演習，森北出版（1985）

〔**8章**〕

1）柳井晴夫，繁桝算男，前川眞一，市川雅教：因子分析 ―その理論と方法―，朝倉書店（1990）

2）菅 民郎：初心者がらくらく読める―多変量解析の実践〈上〉，現代数学社（1993）

3）Paul Slovic：The Feeling of Risk：New Perspectives on Risk Perception, Routledge（2010）

4）大塚佳臣：将来の電源構成に関する住民選好の多様性とその要因の評価，土木学会論文集 G（環境），**73**, 6, pp. II_23 ～ II_34（2017）

〔**9章**〕

1）佐藤義治：多変量データの分類 ―判別分析・クラスター分析―，朝倉書店（2009）

〔**10章**〕

1）菅 民郎：多変量解析の実践〈下〉，現代数学社（2001）

2）谷口栄一，関 宏志，飯田恭敬，倉内文孝：地域間貨物輸送における輸送手段選択の分析，土木計画学研究・論文集，No.13, pp.673 ～ 679（1996）

3）小倉俊臣，野田宏治，松本幸正，栗本 譲：歩行案内中における高齢者 - 視覚障害者の認知情報と生理状態に関する研究，土木学会論文集 No.723/IV-58, pp.15 ～ 27（2003）

索　引

―― 著 者 略 歴 ――

川﨑 智也（かわさき ともや）
2011 年 東京工業大学大学院理工学研究科博士後
期課程単位取得退学（国際開発工学専攻）
2012 年 博士（工学）（東京工業大学）
現在，東京大学講師

寺内 義典（てらうち よしのり）
2000 年 福井大学大学院工学研究科博士後期課程
修了（システム設計工学専攻），博士（工学）
現在，国士舘大学教授

兵頭 知（ひょうどう さとし）
2016 年 愛媛大学大学院理工学研究科博士後期課
程単位取得退学（生産環境工学専攻）
2016 年 博士（工学）（愛媛大学）
現在，徳島大学准教授

稲垣 具志（いながき ともゆき）
2008 年 大阪市立大学大学院工学研究科後期博士
課程修了（都市系専攻），博士（工学）
現在，東京都市大学准教授

石坂 哲宏（いしざか てつひろ）
2007 年 日本大学大学院理工学研究科博士後期課
程修了（社会交通工学専攻），博士（工学）
現在，日本大学准教授

土木・交通計画のための多変量解析（改訂版）
Multivariate Analysis for Infrastructure and Transportation Planning (Revised Edition)
© Kawasaki, Inagaki, Terauchi, Ishizaka, Hyodo 2017, 2024

2017 年 7 月 31 日　初版第 1 刷発行
2024 年 3 月 20 日　初版第 3 刷発行（改訂版）　　　　　　　　★

検印省略	著　者	川 﨑 智 也
		稲 垣 具 志
		寺 内 義 典
		石 坂 哲 宏
		兵 頭　　　知
	発 行 者	株式会社　コ ロ ナ 社
		代 表 者　牛 来 真 也
	印 刷 所	萩 原 印 刷 株 式 会 社
	製 本 所	有限会社　愛 千 製 本 所

112-0011　東京都文京区千石 4-46-10
発 行 所　株式会社　コ ロ ナ 社
CORONA PUBLISHING CO., LTD.
Tokyo Japan
振替 00140-8-14844・電話(03)3941-3131(代)
ホームページ https://www.coronasha.co.jp

ISBN 978-4-339-05282-4　C3051　Printed in Japan　　　　（西村）